石川　馨

TQCとは何か——

日本的品質管理

〈増補版〉

日科技連

本書は、1984年発行の石川馨著『日本的品質管理〈増補版〉』の第22刷(1998年4月1日発行)を底本として制作した書籍です。なお、本文中の表記や表現につきましては当時のままで掲載しております。

まえがき

私が品質管理を始めてから三十二年になるが、その間、国内のみならず多くの海外諸国で、いろいろ書いたり喋ったりしてきた。日科技連出版社から、これをまとめて本にしないかという話が数年前から来ていたが、私の多忙と筆不精のためなかなかまとめられなかった。それが、出版社の若い人々の協力でやっとまとめることができた。頁数の関係でいいたいこと、書きたいことをとてもすべて述べるわけにはいかなかったが、日本的品質管理、全社的品質管理の概要、私の考え方を一応はわかっていただけると思っている。

現在、日本の多くの工業製品が、世界中に競争力強く輸出されるようになった一つのもっとも大きな要因は、品質管理、特に日本的品質管理であったと信じている。これは企業のトップをはじめとする全員参加の努力とともに、われわれ、日本科学技術連盟のQCリサーチグループ、水野滋工学博士(東京工業大学名誉教授)、朝香鐵一工学博士(東京大学名誉教授)をはじめとする数百人のメンバー、先生方の熱心な協力と研究と指導の結果である。

われわれが、日本科学技術連盟に、昭和二十四年に、QCリサーチグループをつくって、各大学の先生、会社などの熱意ある技術者と通商産業省の一部の人々で、学閥、派閥なしに、仲良く、永く協力してやってきたことが非常によかったと思っている。海外へ行ってみると、世界中どこにもこのような強力なグループがなく、指導者群がいないことをみると、このことを痛感する。今後も、このグループの後継者を育てていかなければと思っている。

最近では、日本国内でも、製造業以外に、建設業、金融業、流通業、航空運輸やホテルなどサービス業も、日本的品質管理、全社的品質管理を導入し、熱心にはじめている。

またこの五、六年来海外に日本的品質管理ブーム、QCサークルブームが起こり、多くのチームが来日すると同時に、日本からの指導者派遣の要請が多いが、適材不足で困っている状況である。そして海外でも、CWQCとかQCCという言葉が通用するようになっている。

しかし日本にも、企業の数も種類も多く、未だに品質管理、全社的品質管理をやっていない、あるいは十分にやっていない企業も多いので、本書によりこれをさらに普及したいとも思っている。

私の三十年来の経験で、どんな企業でも、全社的品質管理を社長以下全員参加で行えば、たしかによい製品(サービス)が安くでき、売上高は増加し、利益が増加し、いろいろな意味で企業の体質改善ができることがわかっているからである。

本書の表題を全社的品質管理とするか、日本的品質管理とするか考えた。われわれは、日本的品質管理をつくりあげようと努力してきて、全社的品質管理、全員参加の品質管理をつくりあげてきたのであるが、原点にもどって書名を日本的品質管理とした。しかし社内で実施するのは、全社的品質管理であるから、社内では全社的品質管理、CWQC、TQC、QCなどと呼んでいただきたい。

なお、全社的品質管理として非常に重要な、営業・アフターサービス関係の問題に本書では十分にふれていない。章をあらためて述べようと思ったのだが、頁数の関係であきらめることとした。営業関係については、本書の各章から考え方をくみとって戴きたい。

終りに、本書の作成について、永年のQCリサーチグループの先生の方々の御協力、および日科技連出版社の皆様方、特に仁尾一義君、清水彦康君、および光明春子常務には、大変に御厄介になったことを深く感謝したい。

昭和五十六年八月

著　者

増補版のまえがき

本書の原稿を書いてから、早くも二年以上を経過した。初版では、全社的品質管理で最も重要な部分である営業・アフターサービス関係のことについて、十分にふれることができなかった。実際に私が本書をつかって講義するときにも不便していたし、読者にも御迷惑をかけていたので、今回一章をもうけて述べることにした。しかし営業関係の仕事というのは、品質管理の非常に重要な部分なので述べなければならない項目が多く、一方紙数の制限があるのでやや箇条書き的になってしまった。読者は各箇条の中から真意を汲みとっていただきたい。

また私の好きな格言を各章のはじめに入れて見た。そして御使用上便利のため索引をつけることとした。

本増補版によって、営業関係者、流通機構を含めた全社的品質管理がさらに発展することを期待したい。

昭和五十九年一月

著　者

目次

付　録……291

第一章　私と品質管理

日本的品質管理（ＴＱＣ）は経営の一つの思想革命

ＴＱＣを全社的に実行すれば、企業の体質改善ができる

産業が進歩し、文化のレベルがあがれば、

　　品質管理はますます重要になってくる

私の念願はＱＣ、ＴＱＣにより良い安い製品を世界中に輸出して、日本経済の底を深くし、工業技術を確立し、技術輸出をどしどし行い、経済基盤を確立し、企業についていえば、消費者、従業員、資本、社会に利益を合理的に分配し、国民生活できれば世界の人々の生活と平和を向上することにある

一　私がなぜ品質管理（QC）を始めたか

初めから私個人のことを書くのは常識はずれかも知れないが、あとのことを理解していただくためにあえて、私とQCとのかかわりを述べることにした。

私は昭和十四年三月に東大工学部応用化学科を卒業し、当時国家的急務であった石炭液化の会社に就職し、設計、建設、運転、研究などを経験した。その間、昭和十四年五月から昭和十六年五月まで、第二期短期海軍技術科士官として勤務したが、専門は火薬であった。海軍は非常に人材育成と活用をやってくれた。すなわち二十四ヵ月中、十ヵ月が教育・訓練であり、勤務中も、大学を出て二年目に六百人の作業員をあずけられ、三十万坪のところに工場建設をやらされた。そして昭和二十二年に大学へ戻ったのである。この約八年間の会社および海軍での経験は、その後QCをやる上で非常に役に立った。

昭和二十二年に東大に戻り、研究室で実験を始めて困ったことは、データがばらついて結論が出しにくいことであった。そこで昭和二十三年に研究室で統計的方法の勉強を始めた。

昭和二十四年に、日本科学技術連盟（日科技連）に統計的方法の文献があるというので貰いにいったところ、当時の日科技連の専務理事小柳賢一氏が強引な人で、QCリサーチグループに入って指導講師をやらなければ、文献をあげられない、という。私はこれから勉強するところだから講師などできないというと、皆もこれから勉強するところだから大丈夫だというので強引にQCに引っ張りこまれてしまったのである。そして統計的方法とQCを勉強してみると、以下に述べるようにこれはなかなか面白い。日本の産業復興に役立つと思って、本格的に始めたのである。

第一に、実験データからいろいろ判断していかねばならない技術者は、統計的方法の使い方を常識として身につけていなければならない。そこで東大工学部で四年前期の学生に、実験計画法を必須課目として講義を始めた。

第二に、資源のないわが国は、多くの資源、食糧を輸入しなければならないから、輸出をどんどん行わなければならない。そのためには、戦前の安かろう悪かろうではダメで、安くて良いものを作らなければならない。そのために、品質管理(QC)、統計的品質管理(SQC)をしっかりやっていく必要がある。

第三に、大学卒業後八年間の社会生活で、日本の企業、社会はどうしてこんなおかしなことをやっているのだろうと思っていた。品質管理を勉強してみると、QCを正しく適用することによって、日本の企業、社会のこれらのおかしな点をなおしていくことができると思った。言い換えると、企業の体質改善、経営の思想革命ができるのではないかと思った。

以上の理由でQCを始めてみると、たしかに面白いように効果があがるので、三十年以上も楽しくQCをやってきたのである。

二　品質管理(QC)大会

第一回品質管理大会(大阪)は、一九五一年九月ということになっているが、実はこれは第一回デミング賞授賞記念品質管理大会だったのである。

一九五二年に、当時私は日本化学会の役員をやっていた。QCは各学会と関係があるので、各学会に呼びかけ、QC大会委員会を設立し、各企業からの報告を中心とした大会を各学会共催でひらき、事務局は日科技連にお願いした。そして毎年デミング賞授賞式のある十一月に大会をひらくことにしたのである。これが現在の部課長・スタッフQC大会である。

その後、一九六二年に職組長大会と消費者大会が発足し、一九六三年からトップQC大会が開かれるようになったのである。このように各種QC大会が開かれている国は、世界中どこにもないし、また各社の実施例がこれほど多く発表されている国もない。このような大会での相互討論、相互啓発が日本のQCの推進に役立ったものと思っている。

三　品質月間とQマーク(Q旗)

昭和三十五年に雑誌『品質管理』が創刊十周年を迎えたので、記念に何かしようと相談して決めた行事の一つが、品質月間である。初めは、品質管理月間という名称にしようかという案もあったが、消費者を一緒にまきこんでやっていくためには、むしろ管理という言葉をとった方が良いということで、品質月間と名付けたのである。

一方、品質および品質管理を表すマークと旗をつくろうということになり、光明春子女史(現日科技連出版社常務取締役)が苦労して、東京芸大の山脇洋二先生にお願いして、芸大の学生からデザインを公募し、その中から数点を選んでいただいた。できた案は現在のQマークと同じであるが、色が国連旗と同じような青い色であった。ところが染料からみるとこの色は耐候性がないことがわかり、品質の旗の耐久性が悪くては困るので、いろいろ検討し、アンケートをとったりして、現在の、日本の国旗と同じ赤にしたのである。国旗の色の強いこと、品質保証は染料屋さんも大丈夫といったからである。

爾来、品質月間は、品質月間委員会でいろいろ検討し、月間テーマ、標語の決定、月間パンフレットの発行、地方講演会の実施などを行っているが、これらの実際の事務はすべて、日本科学技術連盟と日本規格協会にお願いしている。もちろん、この月間運動を実際に多くの企業で採用し、十一月にはQ旗を掲げて盛大に、有効な行事が行われている。

このやり方は、昔から行われている安全週間のアイデアからいただいたものである。

なおこのように、毎年十一月に必ず、続けて、民間主導で品質月間をやっている国は、世界中にない。一九七八年から中華人民共和国が毎年九月を質量(中国語で品質の意味)月間として行っているくらいのものである。

四　雑誌『品頼管理』と『現場とQC』(現在の『QCサークル』)

昭和二十四年にわれわれがQCを始めて、翌二十五年から、日科技連から『品質管理』誌が発行された。この雑誌により日本のQC、TQCの啓蒙普及、推進と相互啓発に努力してきた。

また昭和三十七年四月から、同じ日科技連から現場向けの『現場とQC』(昭和四十八年『F

QC』に、昭和六十三年一月号から『QCサークル』に改称）誌を発行し、同時にQCサークル活動を発足させてきた。この『QCサークル』誌は、QCサークル活動の機関誌のような性格で、QCサークル活動の発展に寄与するとともに、現場の方にものを読み、勉強する習慣をつけてきたと思っている。この二つの雑誌を永くお世話してきて、これらの雑誌がなかったら、日本的品質管理も、ここまで進まなかったのではないかと思っている。QC、TQCを推進するには、このような雑誌を通して絶えず情報交換を行い、相互啓発を行うことが大切である。

五　QCサークル活動

一九五〇年代から現場長教育を始め、現場で「職場QC検討会」などと名付けて職場活動を始めていたが、前述のように一九六二年四月に『現場とQC』誌発刊とともに同誌編集委員会の皆さんと相談して正式にQCサークルと名付けて、この活動を始めたのである。それが現在日本の第二次産業ばかりでなく、第三次産業にもブーム的に広がっている。さらに日本産業の発展はQCサークル活動にある（これは誤解で一つの重要な要因にすぎない）とばかり、その研究に世界中から経営者、学者のみならず労組、政府関係者まで、多数のチームが日本に押しかけてきている。そしてQCサークル活動らしきものを始めている国は、三十ヵ国になろうとしているようだ。このようになるとは初めは考えてもいなかったが、これも多くの編集委員と全国におられるQCサークル支部長、幹事長、千名以上におよぶ献身的な努力をしておられる幹事、および日科技連にあるQCサークル関係の皆様の努力の賜である。

QCサークル活動も、初めは漢字国民、仏教・儒教の影響をうけた国民でなければ、適用は無理ではないかと思っていたが、最近では、あちこちの国で一応成功しているので、私もちょっと考え方を変えた。

「人間性にあったQCサークル活動は、人間は人間であり、同じ人間ならば、世界中どんな国でも適用可能である」と。

この活動が、永く世界の繁栄と平和に貢献すればと思っている。

六 デミング賞

デミング賞は、一九五〇年に来日し、非常な名講義をしたデミング博士(W. Edwards Deming)の功績を記念するために、その印税を基金として日科技連内に設立された賞である。その中には、デミング賞本賞とデミング賞実施賞などがある。本賞は統計的品質管理の理論・普及啓蒙に貢献した、原則として個人に与えられるものである。実施賞にはいろいろあるが、当該年度において、統計的品質管理をよくやっている会社に与えられる賞である。この賞は当該年度において良い企業に与えられる賞であるから、日本のSQC、TQCが進むにしたがって次第に高度のレベルが要求されるようになっている。

この賞はSQC、TQCについて日本最高の賞となっており、この実施賞により、日本の企業のSQC、TQCは随分推進され、企業の体質改善が行われた。この審査を受けることにより、企業のSQC、TQCが急速に進むものであるから、企業としてTQCを始めて四、五年以上たったら、一つの節目をつける意味として、是非受審することをおすすめしたい。ただしこの賞に合格するために受審するのではなく、SQC、TQCを推進し、企業の体質改善を行うために受審するという考え方が大切である。

真にSQC、TQCが実施されており、体質改善が行われ、効果があがり、全員がSQC、TQCをやって良かったという顔になっていれば、自然に合格するものである。私もこの賞に初めから関係してきて、非常に勉強になったと感謝している。

七　いろいろな業種のＱＣをやってみて

　これまで多くの業種のＱＣをやってきた。私は出身は応用化学であり、化学系の先生をやっていたが、ＱＣでは、化学、鉱山、冶金、機械、電気電子、繊維、造船、食品、建設その他少品種多量生産も多種少量生産も、ほとんどの業種をやってきた。最近では、金融、流通、運輸、サービス業などのＱＣもやってきた。そしてＱＣ、全社的品質管理（ＴＱＣ、ＣＷＱＣ）は、基本的にはまったく同じ考え方でやれるということである。

　よく会社の方々から、ウチは他業種、他社と違うから、ＱＣ、ＴＱＣはやりにくい、できないといわれる。その時私はいつも、「できない理由を考えるよりは、どうやったらできるかを考えて下さい」とお話している。

「ＴＱＣとは、当り前のことを実行するだけのことである。」

八　サンプリング研究会

品質管理を始めてすぐに気がついたことは、特に冶金工業、化学工業において、サンプリング方法、縮分方法、測定・分析方法が悪いために、QCの基本になるデータがおかしいし、信用できないデータが多いということである。そこですぐに、統計的に合理的なサンプリングの本を書くとともに、日本科学技術連盟に、「鉱工業におけるサンプリング研究会」を一九五二年に設立し、鉄鉱石、非鉄金属、石炭・コークス、硫化鉱、工業用塩、サンプリング用機器などの部会をつくり、その研究を進めてきた。そして多くのサンプリング方法、縮分方法、測定・分析方法の合理化を進め、これを基礎にして多くのJISを作成した。さらに、次節に述べるように日本のJISを基準にしてISO規格を制定し、国際取引の合理化に貢献してきた。

さらに公害問題が起こってきたので、従来のサンプリング研究会の経験を生かして、そのサンプリング方法、分析測定方法を科学的に合理化しようというので、一九七一年に日科技連に「環境保全サンプリング研究会」を設立し、大気、水、土の分科会に分けて研究を続けている。

QCは事実・データによる管理といわれているが、その基本を科学的に決め、誤差の大きさを知って、活用しなければならない。またこの経験の結論として、

「計測器・化学分析を見たら危いと思え」

ということになる。

九　ＪＩＳ・ＩＳＯとのかかわり合い

ＪＩＳ（日本工業規格）と私とのかかわり合いは三つの面から始まった。一つはサンプリング方法、縮分方法、分析方法の合理化という面から、前述の鉱工業におけるサンプリング研究会の成果を次々とＪＩＳ化したことである。

二番目は、品質管理に関する、各種専門委員会に協力したことである。

三番目は、品質管理を実施してみて、どうもＪＩＳ規格がおかしいということがわかった。そこで、一九五六年に、日本規格協会の中に「規格合理化委員会」を設立し、ＪＩＳの各種製品規格の実態を調査し、検討した結果を「日本工業規格について」という勧告案にまとめて、一九六一年に、当時の工業標準調査会長石川一郎に提出した。その時の結論の一つに、当時の「ＪＩＳ規格に満足なものは一つもない」ということである。品質解析が十分に行われていないために、品質特性が欠如していたり、代用特性が不十分であったり、品質レベルが低すぎるなど、消費者の要求を十分に満足していないということである。それ以来、私は「国家規格や国際規格を目標にして品質管理を実施してはならない。国家規格や国際規格は参考にしなければばならないが、それをこえて、消費者のニーズ、要求品質を目標に品質管理を実施しなければならない」と常に指導している。

このようにしていろいろの面からJISに次第に深入りしていったのである。

ISO(国際標準化機構)については、一九六〇年頃から始まる。日本がISOの参加国となったのは一九五二年からである。ところが日本は経済大国であるにもかかわらず、専門委員会の幹事国を一つもやっていないという苦情が出て、何かやろうというので白羽の矢が立ったのが、前記のサンプリング研究会でやっていた実績である。そこで、一九六一年に始めたISO一〇二技術専門委員会(TC)鉄鉱石であり、さらにその中の第一分科会(SC)サンプリングである。これらの幹事国は日本で初めて引き受けたものであり、一応成功し、各国から高い評価をえている。日本は国際貿易で生きていかなければならないし、工業先進国であるので、もっと積極的にISOやIEC(国際電気会議)の幹事国を引き受けるべきと思っている。このことは関係業界、学会に是非お願いしたい。

一九六九年からISOの国内部会員、一九七七年からISOの国内部会長になったりして、一九七六年からISOの総会や理事会に毎年出席しており、一九八一年からISOのEXCO(Excutive Committee)のメンバーになって、下手な英語で標準化の国際協力に苦労している。

このほか大平洋標準会議(PASC)、標準化大会など、工業標準化とも長い間おつきあいしてきた。

十　海外とのおつきあい

戦後の海外と私とのおつきあいは、一九五〇年のデミングさんの来日に始まり、さらに一九五四年のジュランさんの来日ということになろう。私が出かけたのは、一九五八年に日本生産性本部の品質管理研究チーム(団長・当時東芝製造部長山口襄氏)で副団長として一月から四月まで訪米したのに始まる。以後QCおよび工業標準化(特にISO)について世界約三十ヵ国以上を訪問した。

QCについては、初めのうちは海外のよいところを日本に吸収するとともに、日本のQCのよいところを海外にPRすることであった。一九五八年に訪米したときも、唐津一氏(現松下通信工業常務取締役)と二人で、米国の遅れた企業を随分指導してきたつもりである。一九六五年以降は、日本のQCのやり方を海外にPRして、日本ではQCをよくやっているから、メイド・イン・ジャパンを安心して買って下さいというPRを行って、日本の輸出振興に側面から協力してきたつもりである。

その後一九七〇年代に入ってから、世界各国、東西南北から日本式QCを教えてほしいというので、下手な語学で苦しみながら、講演をやったり、セミナーをやってきた。特に一九八〇年五月に米国のNBCテレビ放送が、「何故日本にできて、米国にできないか」という特別番組の日本のQCを紹介する放映があってから、日本のマスコミがさかんに書き出しているが、これは日本のマスコミの後進性を表しているものである。実際は、世界の識者は一九六〇年代後半から、日本のTQCおよびQCサークル活動に関心をもっていたのである。最近では、毎週一つくらいの訪日QC視察団がやってきて、世界的に日本のCWQC(TQC)、特にQCサークル活動ブームになっている。この間、私も東西南北いろいろの人とおつきあいして、友人も増えたし、また私自身の勉強にもなった。

ISOの鉄鉱石サンプリング委員会では、国際委員会らしく、できるだけ世界をまわろうという方針で、日本、インド、ソ連、西欧諸国、米国、カナダ、ブラジル、オーストラリア、南ア連邦など、それこそ世界中各国で会議を開催し、国際親善に尽してきたつもりである。

一方、一九七〇年頃から、日本で品質管理関係のセミナーを数多く開き、開発途上国の人達の指導をしてきた。中国とは一九七三年以来のおつきあいで、よく交流しており、現在中国質量(品質)管理協会の名誉顧問の役をおおせつかっている。また英国QCサークル協会の名誉会長、フィリピンおよびアルゼンチンの名誉会員などになっている。

また国際的な品質管理の団体をつくろうというので、一九六六年に設立準備委員となり、一九六九年に東京で第一回国際QC大会を開き、IAQ(International Academy for Quality)を設立し、そのいろいろな役員をやっている。IAQは三年ごとに、日、米、欧の順に国際大会を続けてやっている。

結論として、世界中にQCおよびQCサークル活動を普及することにより、世界中の品質が向上し、コストダウンとなり、生産性が向上し、省資源・省エネルギーとなり、世界中の人々が幸福となり、世界が繁栄し、平和な世界になることを期待している。

戦後いろいろな管理技術と称するものが、海外から輸入されたが、これが日本的に消化され、成功し、新製品として海外に広く輸出されたものは品質管理だけであろう。

以上、私とQCの関係について、私自身のことをいろいろと述べてきたのは、以下に述べることは、このような経験が基礎になっていることを、理解していただくためであるので悪しからず。

第二章　日本的品質管理の特徴

品質管理はすべての産業で当然行うべきことである
ＴＱＣとは当然実行すべきことを実行することである
効果の上がらない品質管理は品質管理ではない
　　ＭＭＫ（儲かって儲かって困る）のＱＣを
ＱＣは教育に始まって、教育に終る
ＴＱＣを実施するためには社長から一作業員に至るまで
　　絶えざる教育が必要である
ＱＣは神様を生かす
ＱＣを実行すればは企業からウソがなくなる

一　全社的品質管理の生まれるまで——歴史の概略

新しい品質管理(Modern Quality Control)、統計的品質管理(Statistical Quality Control, SQC)は、米国のベル電話研究所のシューハート博士の創案した管理図の工業への応用という形で、一九三〇年代より米国において行われだした。

これが各産業に本格的に適用されだしたのは、第二次世界大戦が契機となっている。米国において、準戦時の生産体制をとろうとしたときに、軍需品の増産を、品質管理を適用することによって、良いものを、安く、多量に生産しようと企図したのである。このときに公布された戦時規格はZ一として有名である。

英国も、新しい統計学の発祥の地であるだけに研究は早く、一九三五年、E・S・ピアソンの著書をとりあげ、英国規格(BS六〇〇)として制定、その後さらに米国のZ一をそのままBS一〇〇八として採用、それ以外にも品質管理に関する規格を作成、実施につとめていた。

米国における戦時生産は、統計的品質管理を導入したことによって、量的にも、質的にも、経済的にも、満足な状態で続けられ、この結果、技術の進歩も著しく、非常な効果をあげた。

第二次世界大戦は、品質管理によって、新しい統計学の活用によって、きまったと言われるくらいである。戦時中に研究されたある統計的方法は、その効果が非常に大きく、ドイツが降伏するまで軍事機密にされたというエピソードもある。

さて、日本においては、戦前すでに前記英国規格が入っており、戦時中、その訳書も発表されていた。新しい統計学についても、一部の先覚者による研究が進められていた。しかし、これらはいずれも数学的に難解すぎて、一般には、ほとんど普及しなかった。

管理のやり方も旧式な(当時としては近代的な)テイラー方式が一部で行われていたにすぎなかった。品質保証も検査のみに頼っていた時代で、その検査さえ十分に行われていなかったのが実情である。品質で競争するよりも、コストで、値段で、競争しようとした時代といえよう。

文字通り「安かろう、悪かろう」の時代であった。

W. A. Shewhart博士

統計的品質管理の導入

さて、第二次世界大戦は日本をほとんど壊滅状態におとしこんだ。各種産業施設は破壊しつくされ、食糧も衣類も住宅もなくなり、日本人は餓死寸前の状態であった。

こういうところに米軍が上陸してきたわけだが、上陸してきた米軍にとって困ったことの一つに、電話通信に故障が多く、電話が通信の用をなさないということがあった。単に戦争の影響ということだけでなく、通信機器設備に品質不良、品質のバラツキの大きいことを痛感した米軍は、日本の電気通信工業界に対し、新しい品質管理の採用を勧告するとともに、その指導を始めた。これが日本における統計的品質管理の始まる契機となった。一九四六年五月のことである。

米軍による指導は、いわば米国式のやり方をそのまま日本企業に押しつけたもので、問題点もいろいろはらんでいたが、それなりの効果もあげた。しかしその普及も通信工業界にかぎられていた。

ＪＩＳ表示制度

国家規格制度が整備されたのはこの頃である。一九四五年に日本規格協会が、一九四六年には工業標準調査会が設置され、一九四九年には工業標準化法が施行された。そして、一九五〇年に農林物資規格法（ＪＡＳ）が制定されるとともに、工業標準化法にもとづくＪＩＳ表示制度が発足した。

ＪＩＳ表示制度というのは、ＪＩＳ規格の中で、政府が指定した品目について、統計的品質管理を実施し、品質保証をしっかりやっていると認定された工場では、その商品にＪＩＳマークを打つことができるという制度である。

この制度は、企業への統計的品質管理の導入・普及を促進する上で大きな役割を果たしたといえよう。この制度の特徴は、お役所の強制的なものでなく、任意であるということである。経営者の意志によって審査を受けてもよいし、受けなくともよい。審査に合格しても、ＪＩＳマークをつけるかつけないかは工場の自主的判断による。表示制度を強制にして失敗している外国があることから考えると、任意制にしたことはよかったと思う。生命とか安全に直接影響するものは除いて、あまり政府の強制は望ましくないのである。

品質管理リサーチ・グループ

一九四六年には、技術者・学者の有志が集まり、民間団体である日本科学技術連盟（日科技連）が設立された。一九四九年、この日科技連に大学、産業界、政府の有志が集まり、品質管理リサーチグループ（ＱＣＲＧ）を結成、これが核となり、品質管理の研究と啓蒙普及にのり出した。ＱＣＲＧは、政府とは無関係に、日本の企業を合理化し、日本人の生活レベルを向上させ、将来、すぐれた品質の製品を世界中に輸出するためには、QCを日本企業に適用しなければならないと考えた有志が集まって結成したものである。

QCRGによる第一回品質管理ベーシックコースという講習会がもたれたのは一九四九年九月からである。企業の技術者を対象に、毎月三日間ずつ十二ヵ月(計三十六日間)という長期コースであった(第二回目以降、毎月六日間ずつ、現在は五日間ずつ六ヵ月間に変更し、今日に至っている)。このときのテキストには、前記の米軍規格や英国規格を主とする翻訳書を充てた。

この第一回目のコースを行ってみて判ったことは、物理・化学・数学などは世界共通であるが、品質管理など、管理と名前のついたものにはどうしても人間的社会的要素が強く働き、米国や英国のやり方がどんなにすぐれていても、そのまま日本に輸入したのでは決してうまくいかないということであった。日本と欧米の違いについては、改めて詳しく述べるが、いずれにせよ、日本的とでもいうべき方式を開発しなければならないということであった。こういうことから、第二回目のベーシックコース以降、テキストもわれわれQCRGのメンバーが新たに書き下し、翻訳書はできるだけ使用しないようにした。

デミング博士による講習会

一九五〇年には、米国からW・エドワーズ・デミング博士を招聘して、日科技連主催の八日間セミナーが行われた。部課長、技術者向けの統計的品質管理についてのセミナーであった。博士の講義内容の概略は、

①　品質のＰＤＣＡ（設計、生産、販売、調査、再設計へと続く、いわゆるデミング・サークルあるいはサイクル）をいかにうまく回して、品質を向上させていくか

②　統計的なバラツキのセンスをもつことの大切さ

③　管理図法を中心とした工程管理の考え方と管理図の使い方

などであった。博士の講義はきわめて明解で、協力者として参加したＱＣＲＧのメンバーはもちろん、受講生に多大の感銘を与えた。このときに、技術者向けだけでなく、社長、経営者向けに特別の一日間コースを箱根で行ったが、これは経営者層に大変よい刺激になった（このときの博士の講義録の印税を基金に後述のデミング賞が創設された）。

W. E. Deming博士

デミング博士はサンプリングの専門家であるが、日本のＱＣ

の導入者であり、よき理解者であるばかりでなく、大変な親日家でもある。一九五一年、五二年と連続して来日され、それ以後も機会あるごとに日本に立ち寄られ、指導を続けられて今日に至っている。

ＳＱＣ偏重の時代

一九五〇年頃より、管理図や抜取検査などの統計的方法を活用した「新しい品質管理」、統計的品質管理（ＳＱＣ）が、日本の多くの工場で行われるようになった。しかし、実際にこれを行ってみると、日本の工場のいろいろな問題点も見えてくるようになった。

① 従来、経験と勘で工場を運転してきたいわゆる熟練者から、統計的方法は使えない、役にたたないという感情的な反発があった。

② 工場を管理するために必要な技術標準、作業標準、検査標準がほとんど整備されていなかった。これらを作成しようとしても、「要因が沢山ありすぎて、技術標準にまとめきれない」、「標準などなくとも立派に工場は運転できる」等々の反発があった。

③ ＱＣを実施するためにはデータが必要であるが、このデータがほとんどとられていなかった。

④　データをとるためのサンプリング方法や縮分方法が悪く、たとえデータがあってもほとんど役にたたなかった。

⑤　データをとるために計測器や自動記録計をとりつけると、作業者が監視されていると誤解して、計器を壊してしまうという事件さえも起こった。

等々である。これらは日本の工場が戦前から、かかえていた問題点でもあるが、一方、「新しい品質管理」を普及しようとするわれわれにも問題がなかったわけではない。

①　統計的手法は確かに有効なものだが、その重要性を強調しすぎた。その結果、QCはむずかしいという恐怖感、嫌悪感を与えてしまった。ある段階までは簡便法だけでよいものを、高度な手法まで教育しすぎた失敗である。

②　製品規格、原材料規格、技術標準、作業標準など標準化は進んだが、これが形式的なものにすぎなかった。規格、標準は確かにつくったが、あまりそれを使っていなかった。標準化というと、規則ずくめで人をしばりつけると思っていた人も多かった。

③　QCが工場現場だけの、技術者だけのQCにすぎず、多くの経営者や部課長はあまり関心を示さなかった。また、QCを行うと金がかかるという誤解もあった。当時、誰が猫(経営者)の首に鈴をつけるかということが、われわれの話題になったものである。QCR

Gのメンバーが説得役をかって出たが、われわれの年齢が若かったためか、なかなか関心を示してもらえなかった、等々。

ジュラン博士の来日

この間に特筆すべきは、J・M・ジュラン博士の来日であろう。日科技連の招きに応じて博士が第一回目の来日をされたのは、一九五四年である。経営者セミナーと部課長セミナーが行われた。QCにおける経営者と部課長の役割を講義していただいたのである。

若いQCRGのメンバーが説明してもなかなか理解を示さなかった日本の経営者であるが、世界的にも著名な博士の講義には納得せざるを得なかったようである。

博士の講義を契機として、日本の品質管理は、従来の工場現場の、いわば技術主体のQCから、経営全体に目を向けたQCの方向へ動き出した。技術者を中心としたSQCだけでは限界があり、マネジメントのツールとしてのQC、現在の全社的品質管理へと進む契機となったのである。

新製品開発の品質保証の重視

新製品開発段階から品質保証(Quality Assurance, QA)をしっかり行っていかなければならないという気運が盛り上がってきたのは一九五〇年代後半からである。

品質管理あるいは品質保証は、そもそもは検査重視の考え方から出発している。悪い品物を出さないためには、検査をしっかり行わなければならないということで、これは今でも、欧米などに強く残っている思想である。しかし、われわれは、戦後、QCを導入して間もなく、この考え方は捨てた。工程で次々不良品がつくられるようでは、いくら検査を厳しくしても追いつかないからである。それよりも、最初から不良品を出さないようにすれば、つまり不良を出す原因となる工程の要因をしっかり管理していけば、検査に莫大なお金をつかわなくて済む。風邪をひきやすいからといって、薬を沢山買って準備しておくのがよい方法といえるだろうか。風邪をひかないような強い体質をつくることの方が先決であり、正しい予防法であろう。

J. M. Juran 博士

こういうことから、われわれは工程管理に重点をおいた品質保証を戦後一貫して続けてきた。この思想は現在でも生きており、これに変りはないが、消費者の要求する品質の水準が上がるにつれ、これでは不十分ということがわかってきたのである。

たとえば、製品の信頼性、安全性、経済性といった問題、あるいは設計が悪かったり、材料が悪いといった問題は、製造部門だけがどんなに努力しても、解決できない問題である。これらを解決していくためには、新製品の開発・企画・設計の段階からしっかり管理していかなければならないということで、いま一段広いQCが要求されるようになったのである(詳しくは第四章で改めて述べる)。

全部門・全従業員をあげた品質管理の必要性

新製品開発段階にまでさかのぼって品質保証を行うということは、これを別の面より見れば企業の全部門、全従業員の参加した品質管理を行わなければならないということである。

検査重点のQAであれば、検査部なり、品質管理部なりが行っておれば済む。いわば製品の出口にたって、不良品が出ていかないように監視しておればよい。工程管理重点のQAでは、それが製造ラインから外注企業、購買、生産技術、営業まで含めた活動になる。ところが、第三の段階になってくると、それだけでは済まないのである。新製品の企画・設計・調査から製造部門さらに経理・人事・労務部門などを含めた全社的活動が必要になる。まして、消費者の真の要求に基づいた製品を企画段階からつくり込んでいくには、直接消費者の要求を受ける窓口になる営業部門の役割はさらに重要になってくる。これは後で詳しく述べることになるが、日本的品質管理の最大の特徴である全員参加、全部門、全従業員の参加する品質管理、いわゆる全社的品質管理は、品質保証進歩の第三段階、つまり新製品開発まで含めた品質保証を行うための必然性とうまく合致して生まれてきたのである。

QCサークルの誕生

十分に品質保証された品質の製品を継続的に生産していくために忘れてならないことの一つに作業者の役割がある。実際に、直接生産にタッチしているのは作業者であり、この作業者ならびに職組長がしっかりしていなければ、QCもうまく進まない。

そういう意味では、作業者に対する品質管理教育がきわめて大切であるということになるが、当時、これは不可能に近いことに思えた。

技術者・スタッフ向けの教育については、各種のセミナー、大会などを通じて、ある程度教育できるが、職組長、作業長となると、人数は多いし、全国に散らばっているのでなかなかむずかしい。

そこでマスコミを使うこととし、いろいろ困難はあったが、日本短波放送を通じて、職組長のQC教育講座を一九五六年から始めた。その後NHKもやっと承知して、一九五七年から教育放送で始めたが、これが非常に評判となり、テキストが十一万部も出て、当時のNHKの担当者が驚いていたことを思い出す。また『職組長のための品質管理テキスト(A、B)』という単行本が一九六〇年に日科技連より刊行され、順調な売行きを示していた。

一九六〇年三月には、雑誌『品質管理』で十周年の記念行事の一つとして職組長向けと消費者向け、それに高校の先生向けの特集号を発行したが、特に職組長向けが非常に評判となった。一九六一年十一月、雑誌『品質管理』の現場長特集号において、各企業の職組長に集まってもらい座談会を行った。このとき出席した職組長の方々から異口同音に出された意見は、「われわれの勉強できる図書がほしい。できれば雑誌をつくれないか」ということだった。

この声が直接のキッカケになって創刊されたのが雑誌『現場とQC』(一九七三年『FQC』に、一九八八年『QCサークル』に改称)である。一九六二年の四月号が創刊号である。

この雑誌の創刊に当って、われわれはQCサークルという名のグループによるQC活動を始めようと呼びかけた。これを呼びかけた理由は大きくいって二つある。

第一は、職組長には勉強する習慣がなく、せっかく雑誌をつくっても読まれないのではないかという心配があった。一人で勉強してもらうことが期待できないなら、グループをつくって輪読会式に、この雑誌の勉強会をもってもらえないか。そうすればお互いに刺激し合って、永続きする勉強ができるのではないか。(QCサークル活動のことをよく知らない人は、QCサークルを改善を行うグループと考えているが、これは間違いである。まず勉強するグループであり、再発防止の管理を行うグループ活動である。)

第二には、QCは机の上で、紙の上で勉強しただけでは何の役にもたたない。勉強したことを直ちに自分の職場に応用し、勉強した簡単な統計的方法を使って、自分の職場の問題解決に当ってほしい。そのためには、グループで当るのが好ましい、という点である。

このとき、われわれが強調したことは

① サークルの結成は上からの命令でなく自主的にやりたい人から始めてほしい
② 勉強してほしい(自己啓発)
③ 視野を広くするために他のサークルと相互啓発してほしい
④ 職場の全員参加を目差さなければならない

ということであった。この相互啓発の場として、職組長品質管理大会(一九六二年)、QCサークル大会(一九六三年)を開始した。

こうして始まったQCサークル活動であるが、当初はなかなか浸透せず、一九六五年四月、三年間かかって登録されたサークル数は三千七百にすぎなかった。やれるところから始めよ、強制ではダメ、ゆっくり自主的・自発的にということを強調したからであろう。

しかし、私はこれは間違っていなかったと思う。こういう活動を永続的に効果的に行うためには、上からの命令でなく、自主性・自発性を尊重しながら、ゆっくり推進していくのが大切であると考えている。急いで、上から強制して失敗した例はあまりにも多いのである。一見遠回りの進め方にみえるが、実際に活動を始めたサークルは目ざましい効果を上げ、これが刺激になって、以後、QCサークルは急激に増加し始めたのである。これは、その後、欧米のQCサークル活動を指導し、導入に成功したときもまったく同じであった。

二 欧米との違い——社会的背景の違いに重点をおいて

日本の現在のQCと欧米のそれとは、いろいろな点で違いが出てきている。これは日本と欧米における社会的、文化的な背景の違いを考えて、QCを推進してきた結果であると思っている。

そこで、現在の日本のQCを理解する上でポイントになりそうな点につき、私の考えるところを述べておこう。

プロフェッショナリズム

欧米ではすべての点でプロフェッショナリズムが強い。QCにおいても、QC技術者の仕事になっている。他部門の人に聞いても、QCのことはQC屋に聞いてくれという。

QC技術者が会社に入ってきても、欧米の場合、QC部門に配属され、そのまま係長になり課長になり、部長になっていく。これは専門家を養成するという点では役立つやり方だが、企業全体でみた場合、非常に視野の狭い人間を生みやすい。

日本では、幸か不幸か、プロフェッショナリズムが弱い。技術者でも、一つの企業の中で、ローテーションで設計、製造、QCといろいろな部門を経験する。なかには、営業まで担当する人もある。こういうところが、逆に、実力のある専門家が育たないといわれることにつながるわけだが、私は、プロフェッショナリズムというのは、昔のギルド制のなごりで、旧式のやり方であると考えている。人間はもっと能力をもっているのである。また、学会・協会も欧米と日本では随分ちがう。米国の団体、たとえばASQC(米国品質管理協会)はプロフェッショナルな団体で、QCプロフェッショナル、スペシャリストの権益を守る団体であるが、日本の多くの学会は、アカデミックな団体である。

日本はタテ社会

日本はタテ社会といわれ、いわゆる上下のつながりが強く、その分、ヨコの関係に弱いといわれる。日本の企業では、一般に、製造、設計、営業、購買といったライン部門が強く、QCなどのスタッフ部門は弱い。特に、直属の部長、課長といった上司の言うことはきいても、スタッフなどの提言にはなかなか耳を傾けてもらえないものである。

だから、日本では、たとえば営業部門でQCを行うにしても、QCの専門家を送りこむだけでは、なかなかうまく行かない。営業部門の長から率先してQCを勉強し、QCを行うという方向にもっていかないとうまくいかないのである。

労働組合

欧米では、職能別労働組合が多い。たとえば、英国の造船所には、熔接工組合、配管工組合など約四十五の労働組合が同居している。だから、熔接工組合がストを打つと、これは一種の山猫ストであるが、他の四十四の組合がストをしていなくとも造船所がとまってしまうのである。こういう制度も、私はギルド制のなごりで、非常に旧式な制度であると思っている。

日本では、多くの場合、企業別組合である。日本の企業では、能力のある作業者には何種類かの仕事(職種)を教育し、いわゆる多能工の養成が盛んであるが、こういうことは、職能別組合の強い欧米ではむずかしい。

テイラー方式と欠勤率

欧米からソ連までこのテイラー方式をいまだに採用している。テイラー方式というのは、専門家管理といってもよいが、一言でいえば、専門家、技術者が技術標準、作業標準を作成し、作業者はその標準通り、命令された通り仕事をすればよい、という考え方である。

この方式は五十年前にはよい方式であったかも知れないが、現在では、特に日本ではあまり適当でない考え方である。五十年前は、技術者の数も少なく、作業者も小学校卒か小学校も出ていないような文盲の人もいて、こういう方式も有効であったかも知れない。しかし、現代のような、学歴も高く、意識も高い作業者にこの方式をおしつけることはできない。テイラー方式で作業者の持つ潜在能力を無視し、人間性を無視して、機械のように扱っているのでは、働くことがイヤになり反発をうけがちである。

欧米では、多くの作業者が、仕事をするのは食わんがためであり、仕方なくやっている傾向が強い。したがって、欠勤率も高く、工場によっては十五〜二〇％にもなっている。週休二日制になっているにもかかわらず、月・金の欠勤率が二十五〜四〇％という例もある。週に四日しか出勤しない人が半数近くもいることになる。「なぜ週に四日しか仕事をしないのか」と聞いてみると「週に三日では食べていけないから」という返事であった。

テイラー方式で、人間を機械のように扱ったのでは、仕事がつまらなくなり、いやいや仕事をすることになるのも無理からぬはなしである。これでは良い品質で、信頼性の高い製品ができるはずがない。欠勤率と転職率を見れば、その企業の経営姿勢と従業員のモラールがわかる。

大学出のエリート意識、階級意識

ヨーロッパ、特に英、仏では、特別な大学を出た人々が、階級意識といえるような差別意識をもっている。フランスのある工場で「貴工場では、職組長の何パーセントが部課長になりますか」と聞いたことがある。向うの部課長はもじもじしていたが、工場長は「ノン」と一言で片づけてしまった。部課長と職組長ではランクが違うというのである。

こういうことが旧植民地にも影響を与えている。インドネシアに行ったときのことであるが海外進出に成功している日本のA、B社とも、ジャカルタ大出は採用しないといっていた。ジャカルタ大出の技術者は、何も知らないのにエリートになってすぐマネージャーにしろといい、ダーティ・ワークを嫌うので使いものにならない。むしろ、工専出をとって、現場で教育した方がよい技術者になる、といっていた。

日本は戦後、大学出が急増し、官庁の東大(法)出を除いては、エリート意識が薄くなったのは、よいことだと思っている。エリート意識はテイラー方式に通ずる点もある。

給与制度

欧米では給与システムが能率給である。能率給というのは、年齢にあまり関係なく、能率よく仕事をした者には給料を高くしていこうということである。日本でも最近は、一部能率給的要素を入れてきつつあるが、主流は年功序列型である。私は、能率給の考え方の底にあるのは人間を金によって働かせよう、人間は金によって動くものである、という思想であると考えている。

金だけで人間を動機づけしようとすると、前述のように、給与を高くすれば、いやいや仕事をしている人間は週に四日あるいは三日しか出てこなくなる。欧米のような給与ベースの高い国々ばかりでなく、開発途上国でも似た事情があり、ちょっと給与をあげると、出勤率が低下するという話はインドでも聞いた。働くことに対する意識の変化には各国とも悩んでおり、そういう意味でも日本が注目されているのである。

年功序列型の給与システムにも、寿命の伸び、停年制の延長など従業員の高齢化にともなって、いろいろ問題がある。しかし、お金だけで人を働かそうとする考え方だけは明らかに間違っていると私は思っている。

人間のよろこび、欲求、楽しみにはいろいろあり、こういうことの研究から始めて、働く人たちの意識の変化に対応しようとする問題意識が特に欧米で強く、研究が盛んである。私は専門家でないので詳しくはそれらの書籍に当っていただきたいが、私の考え方は次の通りである。

(イ) 金銭的な欲求とよろこび

・生きていくための最低の条件
・富を得たい
・物的生活の満足(自動車を買いたい……)

これは社会生活を営む上の基本条件であり、必要条件であるが、十分条件ではない。ある意味で、人間として最も下級な欲求である。これだけで人間が満足し、幸福な生活をおくれないことは、世界の現実が証明している。

㋺　仕事をやり遂げたよろこび

・テーマ・目標を達成したよろこび

・「山があるから登山する」よろこび

㋩　人と協力した、他人に認められたよろこび

人間はひとりでは生きていけない。集団のなかの一員として、家族、QCサークル、会社、都市、国家、世界など社会の一員として生活している。だから、社会の中で認められた存在である、ということを感じることが大切になる。具体的には

・他人に認められる

・グループ（QCサークルなど）の中で協力し、その友情、愛情のある交際ができる

・よい国家、よい企業、よい職場の一員であること、等々。

㋥　自分が成長したよろこび

・自己の持つ能力を発揮し、自分が成長し、人間としての充実感を味わいたい

・自信をもちたい、そんな人間に育ちたい

・自分の頭を使い、自主的・自発的に行動し、社会に貢献したい

等々、その他いろいろなことが考えられる。私は、上記㋺㋩㊁こそ、人間本来の欲求であり、よろこびであると考えている。これを生かすことが、人間を人間として遇することであり、最も下級な金銭的欲求のみに重点をおいた考え方では、むしろ個人、社会、国家、世界に害悪を流す。

転職率・レイオフ・終身雇用制

欧米では転職率がきわめて高い。数年前、オーストラリアで、製鉄所の高炉の転職率が一〇〇%と聞いて驚いたことがある。転職率一〇〇%ということは、たとえば作業者が百名いるとして、一年の間に、それらの人たち全員が入れ換ってしまうということではない。一ヵ月二ヵ月でやめる人もいるので、年間百名が出入りするということである。高炉のような熟練を要する作業ですらこうである。これでは、能率も品質も、あまり期待できない。

日本の場合、多くは家族的で、終身雇用であり、転職するケースは、特にしっかりした工場の場合は少ない(販売関係や中小企業の中には、転職率が高く、そこに問題があるが)。したがって、日本の企業では、教育・訓練、特にQC教育に熱心である。従業員をしっかり教育・訓練すれば、本人の利益にもなるし、企業としてもプラスになる。欧米では、日本のような企業内教育がむずかしいといっていた。

一九六〇年ごろから欧米の新しい考え方をもった経営者が、この終身雇用を研究し、定着率を高めようとしている。十数年前、米国のある社長が私に非常にイバって言ったことがある。「私の会社では、勤続三十年以上が何パーセント、二十年以上がいくつ、十年以上がこれこれ」と。彼は自分の経営がよいから、従業員が安心して、長くいてくれると自慢したいのである。

終身雇用制もよいが、「仕方がないからいる」というような弱虫では困る。本当は、日本にも給料でなく、「こんな社長・経営では、将来が思いやられる、思い切った仕事ができない」から転職するというくらいの元気・見識・意志をもった人がいてほしい。上司に「おべっか」を使った終身雇用制では困る。

しかし、真の意味の終身雇用制は、人間性から見ても、民主主義の立場から考えても、経営の立場から考えても、うまく運営されればよい制度であると思っている。

文字の違い——漢字

漢字というのは、世界で一番むずかしい文字である。漢字は象形文字であり、表意文字である。それだけに、これを覚えるのは大変である。これは外人が日本語を勉強する姿をみればよくわかる。こういうことから漢字国民は一般に勉強家である。日本、台湾、韓国、中国および華僑の人たちは一般に教育熱心である。しかも、日本語と韓国語は音標文字を併用しており、世界一よい文字、言葉だと思っている。中国語は漢字だけで、不便な点も多い。

QCサークルは当初、日本独特の活動であり、外国でできるとしても、せいぜい漢字国であろうと考えていたが、それは、QCサークル活動と、教育ならびに作業者の勤勉度との関係を考えたからである。

同一民族・多民族国家・外人労働者

日本は同一民族、同一言語国家である。世界で同一民族で、一億人以上の人口の国は日本のみである。たとえば米国は多民族国家であり、英語を話せない人もいる。ヨーロッパは大体同一民族国家のようであるが、工場には外人労働者が多い。ドイツのある電機会社の工場を訪問したとき、掲示板には八ヵ国語で掲示があった。七つ以上の国から作業者がきているということである。作業標準なども言葉に頼らない工夫など、いろいろな苦労があるようだ。

同一民族で一億人以上の人口をかかえる日本は、国内市場もあり、いろいろの面で工業生産に恵まれている(台湾は人口一千七百万人で、国内市場は狭い)。

教　育

日本は、漢字国民であるためか、教育熱心である。明治以前から寺小屋教育が行われており、これが明治維新以後の日本の教育の基礎になった。特に第二次大戦後、日本の父親や母親は教育に熱心で、受験戦争などという極端な現象もあるほどである。

最近では開発途上国なども教育を重視し、六年あるいは九年の義務教育を課している国も多い。しかし、私の経験では、義務教育の制度をもっていることと、就学率の高さは別問題のようだ。義務教育を行っても、就学率が三〇〜七〇%、特に卒業率の低い国が多いのである。親や社会が、教育の重要性を理解していないと就学率は上がらない。

日本の場合、義務教育ばかりでなく、高校、短大、大学などへの進学率も高い。したがって、企業に入ってくる従業員は、文字も読め、計算能力も高い。これは日本では当り前のことだが世界では珍しいことである。こういうことが、QC教育や簡単な統計的方法の教育を可能にしたのである。

欧米では、最近でこそ企業内のQC教育を始めるところも出てきたが、なかなかむずかしいようだ。

宗教

宗教の影響はQCを行う場合、きわめて大きなものがある。欧米ではキリスト教、開発途上国では回教、ヒンズー教などが大きな影響を与えている。日本の場合、仏教と儒教の影響が強い。儒教では孟子の性善説、荀子の性悪説がある。私もいろいろ勉強してみたが、私は、人間は教育すれば、どんな人間でもよくなるという性善説論者である。

キリスト教の基本は、どちらかというと、性悪説のようである。こういうことが欧米の管理思想に大きな影響を投げかけている。たとえば、人間は信用できない、特に製造部門の人間は信用できないから、検査部門、品質管理部門を独立させ、その権限を強くして、監視していなければ品質保証できないという性悪説である。したがって、米国の工場の中には、検査員が工場従業員の一五%も占めるというところもある。日本の全社的品質管理の進んだところでは一%くらいであることから考えると、大変な差である。

元来、全製品を良品で生産できれば、検査員は不要である。不良が出るから検査がいる。日本では、性善説にたって、検査も大切だけれど、製造部門の人たちにQC教育をよく行い、製造部門が一〇〇%良品を生産するよう工程管理に努力している。さらに製造部門のQC教育をしっかり行い、自主検査を行い、製造部門が品質保証の責任をもつという立場をとっている。このことについては、品質保証の章で詳しく述べるが、検査員は考え方としては余分な人間であり、これを大勢かかえていることが労働生産性を下げ、原価を上昇させているのである。」

外注関係

今から二十四、五年前、日本の外注企業の大半は中小企業で、経営的にも、技術的にも、はなはだ弱体であった。しかるに、日本の平均的企業は、製造原価の七〇%を社外から購入している。特に組立産業にそれが多かった。

外注部品を購入して組み立てるのであるから、この部品が悪ければ、最終の組立メーカーがどんなに頑張っても、よい製品はつくれない。こういうことから、一九五〇年代の後半から、外注企業にQC教育を始め、同時に専門メーカーとしての育成を行った。日本の自動車や電子機器の優秀さが世界的に評価されているが、これは自動車部品会社、電子部品会社の優秀さによるところが大きいのである。

これに対し、欧米では、すべての部品を自分の会社でつくろうとした。米国では外注比率平均五〇%といわれている。たとえば、米国のフォード社は、小さな製鉄所、熔鉱炉まで工場内にもっていた。しかし、この程度のものでは優秀な技術者をかかえておくこともできず、技術の確立もできない。日本の製鉄会社のような、多くの技術者をもち、世界中に輸出している企業と、品質や原価でとても競争できないのである。つい最近、フォードの製鉄部門が日本の製鉄会社に技術指導を求めてきたことでも明らかであろう。

中国の工場を訪問したとき、工場長が「わが社は総合工場です」と自慢していた。総合工場とは何か聞いてみると「すべての部品を自社内でつくっている」との返事で、これを自慢していることに驚いた経験がある。中国では、中央政府、地方政府の統制が厳しく、その割に(それだからこそ)、原材料、部品などの調達がうまくいかないので、また戦争のときのことを考えて全部品を自社内で賄おうとしているのであろう。しかし、機械工場に三十トンや五十トンの鋳物工場を各々つくっても、生産量が少ないので、能率も悪く、優秀な技術者も集められない。むしろ専門工場を設立して、その育成をはかった方が有利なのである。

一九七八年夏、訪中時に、国家計画委員会や国家経済委員会の方々に、「国土が広大であり、その上輸送設備が不十分だし、敵国の攻撃を受けたときのことも考えなければならないので、全国的には無理かもしれないが、せめて各省市内では、専門メーカーを育成しなければ、品質向上も生産性向上も期待できませんよ」と意見をいっておいたが、最近の情報によると、「専業化、協業化」が盛んにいわれている。

資本の民主化

欧米では、少数の資本家が大株主として企業を所有している旧式な資本主義が残っている。そういうオーナーが、直接経営をみる場合もあるが、最近では、外から経営者を雇ってきて経営させることが多い。日本の大企業の場合、終戦後、財閥解体を通じて資本の民主化がはかられたために、いわゆるオーナー資本家はほとんどいなくなった。(中小企業にはまだ残っているが。また日本の大企業の三等重役でも困るのだが。)

欧米の場合、オーナーが社長を雇ってくる。そして雇った社長を短期的な利益でチェックしすぐクビにしてしまう。利益が少しでも落ちると、たちまちクビにされる心配がある。その上米国証券取引所が、三カ月ごとに決算書を公開せよ、などというから、ますます短期的評価にかたむいてしまう。したがって、経営者も、目先の利益に敏感になってしまい、長期的には、なかなか手を打つことができないのである。最近の日米自動車戦争、製鉄会社の凋落など、その典型である。

日本の戦後の経済成長は、資本の民主化が行われたために、長期的な視野にたって、品質第一主義の立場にたって、経営を行ってきたからである。長期的にものごとを見、考えていく立場に立たないと、どうしても、目先の利益優先、コスト優先、量優先ということになってしまうのである。日本の大企業の経営者は、社会的責任、従業員とその家族に対する責任、消費者や国家に対する責任を考えているが、欧米の旧式な資本主義的経営者は、自分およびその家族のことしか考えていないのである。(日本でも一部の経営者、特に中小企業には、まだこのような人も残っているが。)

こういう意味において、終戦後の占領軍による財閥解体は、日本に新しい民主的資本主義、自由主義をもたらし、収入の正規分布化をはかり(パレート曲線からの脱皮)、日本の現在の発展に非常によい影響を与えたと思っている。

なお日本でも、せっかちなトップは、一寸成績がわるいと、工場長や部長をすぐにかえる人がいるが、これもまずいやり方である。たとえば工場長や事業部長などは、三年間くらいで評価しないと、短期的利益、短期的視野の人間になってしまい、長期的設備の合理化などを忘れてしまい悔を将来に残すことになろう。

政府のあり方——統制してはいけない・刺激を与えよ

政府の役人というのは、どこの国でも統制好きである。特に共産主義国家では、上級政治家は終身役得のためか転勤が少なく、統制主義的である。日本にもいろいろ問題があるが、通産省系は、比較的うまくやってきたと思っている。私は、政府は、民間にいろいろ刺激を与えるべきで、統制してはいけないと考えている。世界の統制国家、あるいは開発途上国のナショナリズム、ファシズムを強調している国へ行ってみると、人間性を無視して、悪い商品を高く買わせて、結局、国民を不幸におとしいれていることが多い。

一九六〇年頃より、日本政府は貿易自由化をはじめ、一九六二年には、将来自由化率を八十八%とする長期計画を決定した。経営者の中には、自由化に反対の声もあったが、われわれ品質管理関係者はむしろ積極論者だった。貿易を自由化しても欧米に輸出できるような品質・コストの製品をつくっておけば、自由化もこわくはない。そのため「貿易自由化には品質管理で」というキャッチフレーズをつくり、QCを推進した。この刺激により、日本の企業は、全社一丸となって全社的品質管理にとりくみ、自由競争を行い(過当競争もあるが)、その結果、国際競争力を身につけるまでになったのである。一方、保護主義をとった農業は、国際競争力をまったく失ってしまった。そのため、われわれは世界一高い米と牛肉を食べさせられている。また金融業も、国民を保護するという名目のもとに、保護主義をとり、合理化が遅れてしまったのである。

一般に、資本主義、社会主義、共産主義という言葉を使うが、私は自由主義、統制主義という見方をしなければならないと考えている。

二つのエピソード

以上日本と欧米とのちがいをいろいろ述べてきたが、ここで二つのエピソードを紹介しよう。

一九七三年六月、ユーゴスラビアのベオグラードのEOQCの大会(ヨーロッパ品質管理大会)に、日本の職組長チームと一緒に参加したときのことであった。私の講演に対し、フランス人からつぎのような質問があった。

「石川さんの話を聞いて、日本がQCを通じて、大成功したことはよくわかった。日本の終戦後の成功は、開発途上国に非常に参考になると思う。特に重要と思われる項目を一つか二つ教えてもらいたい」と。

私はこの質問にはちょっとカチンときた。戦時中に日本は戦艦「大和」や零戦をつくっていたので開発途上国ではなかったのである。ヨーロッパの連中は、黄色い東洋の開発途上国・日本と思っている人が多いからである。しかし私はつぎのように答えた。

「今の質問に対し、つぎの二項目が、特に重要であると思う。まず第一に教育である。日本は明治以前から寺小屋教育がよく行われていた。したがって明治時代になって、義務教育がうまく行われてきた。特に終戦後は小学六年、中学三年の義務教育も、家庭の教育熱心もあって九十九パーセント以上は卒業している。最近ではつぎの高校卒業生も同年齢の九十数パーセントになっている。したがって各企業がトップから作業員まで全員にQC教育を熱心に行うことができた。全員にQC教育を行ったことが第一である。

第二に重要なことは自由競争である。日本では一九六〇年以来貿易自由化を次第に進めてきて、国内外で日本の企業は激しい競争を行っている。この競争に打ち勝つために、社長以下全従業員が一所懸命やってきたのである。最近、開発途上国の中には、ナショナリズムをだして、貿易制限を行っているが、これでは品質もよくならないし、コストダウンもできない。私は開発途上国へ指導にいくたびに、少しずつ貿易自由化するように、政府の人達に勧めているのです」と。

これに関連して、もう一つの話を紹介しておこう。それは一九八一年六月のEOQCのパリの大会のことである。ジュラン博士が特別講演の中で欧米はいつになったら日本に追いつくかという問題についてつぎのように述べている。

「日本はQC教育をよくやってきたが、教育効果がでて、品質がよくなり、生産性があがるまで、十年かかっている。したがって欧米が今から一所懸命教育をやっても、本当に効果がでるには十年かかるから、日本に追いつくのは、一九九〇年代になるであろう」と。

三　日本的品質管理の特徴

以上、あげたような違いを意識しながら、日本のQCを推進してきた。その結果、これから述べるような特徴がはっきりしてきたのである。

戦後、管理技法と称するものがいろいろ輸入されたが、QCほど、日本的に定着し、実施され、成功し、逆に欧米に逆輸出されているものはない。そして、日本的品質管理の特徴が発揮された結果、日本製品の多くのものが、世界一の品質として、世界各国に輸出されるようになったのである。

一九六八年十二月、第七回の品質管理シンポジウムにおいて、日本のQCの特徴(欧米との違い)として、次の六項目に整理した。

① 全社的品質管理、全員参加の品質管理

②　品質管理の教育・訓練
③　ＱＣサークル活動
④　ＱＣ診断（デミング賞実施賞と社長診断）
⑤　統計的方法の活用
⑥　全国的品質管理推進活動

この六項目は、日本の品質管理の長所であるけれど、同時に欠点にもなっている。その欠点をカバーしながら、長所を伸ばしていこう、というのがわれわれの立場である。

①③④⑤は章を改めて詳しく述べるので、ここでは残りの二つについて説明しておこう。

品質管理の教育・訓練

私は昔から次のように言っている。「ＱＣは教育に始まって、教育に終わる。」「全員参加でＱＣを進めるためには、社長から作業員まで、全員にＱＣ教育を行わねばならない。」「ＱＣは、経営の一つの思想革命であるから、全従業員の頭の切り換えを行わねばならない。そのためには、何回も何回も、繰り返し教育しなければならない。」

日本くらいＱＣ教育を熱心にやっている国は世界にない。一九六七年ごろ、日本のＱＣを研究にきたスウェーデンのQC屋がこういって驚いていた。「日本へ来て一番びっくりしたのは、企業が従業員のQC教育を熱心にやっていることである。日本は終身雇用制だから、教育すればするだけ、本人は成長するし、企業もよくなる。スウェーデンは転職率が高く、せっかく教育してもすぐ転職してしまうから、とても日本のように教育するわけにはいかない。」こういっていたのが印象的であった。

(イ) 各階層別のQC教育

日本では、たとえば日科技連において、社長・重役、経営幹部、部課長、技術者、現場長、QCサークル推進者、リーダー・メンバー、作業者また営業部門、購買部門のためなど、キメ細かいQC教育プログラムが、実施されている。欧米においては、技術者の教育はあるが、それ以外、特に末端作業者まで含めての教育はほとんど行われていない。

(ロ) 長期間のQC教育

欧米では五日間から十日間くらいの教育が普通であるが、これでは不十分である。日科技連の品質管理基礎コース(通称ベーシックコース)は、日本のQC教育コースのモデルになっているものだが、このコースは毎月五日間×六カ月の長期コースである。一週間勉強したことを一度、工場へ持ち帰り、三週間かけて、工場の実際のデータを用いて実践する。その結果を持って翌月のコースに参加する。すなわち、学習と実習のくり返し教育で、そのため受講生二〜三名に一人の指導講師がつき個別指導も行うことになっている。この指導の進め方は、受講生自身の勉強のためにも、講師自身のためにもなっている。いろいろな業種の例に居ながらにして触れることができるわけで、講師の訓練にもなっているのである。こういう教育を三十年以上続けてきたことが、日本のQCの底辺の拡大と、基盤の強化に役立っているのである。

㈧　企業内における教育・訓練

右に述べたことは専門団体による教育・訓練であるが、これでは不十分であることから、企業内教育・訓練も盛んである。多くの企業では、それぞれ企業独自のテキストまで作成し、全従業員の教育・訓練にとりくんでいる。

㈡　教育は永久に続けなければならない

日本では一九四九年以来、連続的に、しかも教育コースを増加しながら、継続して行ってきた。人間は年に一つずつ年をとっていくし、若い人も毎年入ってくる。それぞれに応じた教育を続けていかなければならないのである。

㈭　集合教育は教育の中の三分の一以下

集合教育は全体の一部でしかない。これ以外に、上司が実務を通して、仕事を通して部下を教育する(これは上司の責任である)。その上で部下に権限を委譲し、大きな方針だけ示し、自主的に仕事を行わせる。これによって人は育つのである。

以上述べたように、日本ではいつも教育・訓練(education & training)といっているが欧米では、訓練(industrial training)とだけいっていて、教育という言葉をつけない。これはどちらかというと訓練して腕を磨いてうまく使ってやろうという気持が強いように思われる。私は教育も行って、頭を磨き、考え方をかえなければならないと思っているのだが。

全国的品質管理推進組織

QCリサーチグループ、品質月間委員会、品質管理大会委員会、QCサークル本部あるいは支部など、民間にこういう推進組織をもっていることが戦後の日本のQCの発展の原動力になった。

一九六〇年、民間の有志により、品質月間委員会が設立され、以後毎年十一月を品質月間として、全国的な規模で、各種行事を開催するとともに、品質管理の普及啓蒙に当ることになった。現在、この月間中に催される主な全国行事には、消費者大会、トップ大会、部課長・スタッフ大会、職・組長大会、全日本選抜QCサークル大会などがあり、トップ大会の終了後、同じ会場でデミング賞の授賞式が行われる。これらは東京で行われるが、各地の主要都市では地方講演会も開催される。もちろん、各企業とも独自の企画により各種社内行事も行う。

この月間行事の運営は、品質月間委員会により行われる。費用は、月間委員会が毎年作成する月間PRテキスト(六〜十種類)等の売上げの利益を充てることになっている。Qマークの制定やQ旗の作成などもこの委員会により行われた。

品質月間は、最近でこそ中国など一部の国で行われるようになったが、それ以前は日本でしか行われていなかったものである。まして、政府の補助金は一切なく、誰が強制するわけでもなく、各民間企業が自発的な意志で参加して、なおかつこれだけ盛大な行事を二十年以上続けて行っている姿に、日本に来る外国人は、一様に驚きの目をみはる。

なお、全国標準化大会が一九五八年に始まっており、以後毎年十月の国際標準化デー(十月十四日)前後に行われ、日本の工業標準化と品質管理の普及推進に貢献している。

日本では、十・十一月を工業標準化振興月間、十一月を品質月間として、工業標準化と品質管理を結びつけて推進しているのである。

いくら国家規格を作成しても、それに合致した品質水準の製品が生産できなければまったく意味がない。開発途上国の役人のなかには、国家規格さえつくれば製品品質が向上すると誤解

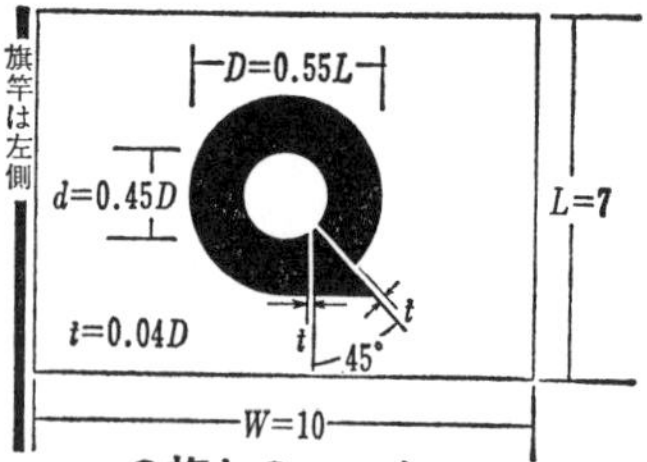

Q旗とQマーク

している人がある。国家規格をいくら立派にしても、それだけでは何の役にもたたない。同時にＱＣを実施して、その品質水準のものを生産しなければ、国家規格は「絵に画いたモチ」に終わってしまう。日本の場合、工業標準化・国家規格の作成とそれにＱＣが、同時に並行して推進されたことが、今日の大きな成果をもたらしたといえよう。

これに対し、韓国や中国など、政府が中心になって全社的品質管理やＱＣサークル活動を推進しているところもある。世界の多くの国々には品質管理協会があるが、米国品質管理協会(ＡＳＱＣ)をはじめ、多くはプロフェッショナルな団体で、いわゆるＱＣ屋の地位や収入の向上、ＱＣ屋の訓練に重点がおかれていて、米国製品の品質をどうのこうのという、国全体を考えた活動はあまり行われていない。ＱＣサークル活動も、主してコンサルタントが自分の儲けのために旗ふりを行っており、日本のＱＣサークル本部・支部のような、手弁当の奉仕活動は考えられない。

海外では、このように政府主導型か商売指向型に分かれており、これが将来、どう発展していくのか、永続的に続けていけるのか、ちょっと興味のあるところである。

第三章　品　質　管　理

消費者が何を欲しているかをつかむことがＱＣの第一歩
消費者に何を買ってもらうかをつかむことがＱＣの第一歩
コストを考えないで品質の定義はできない
潜在不良・潜在クレームの顕在化
常にアクションを考えよ。アクションがなければ趣味である
ノーチェックの管理が管理の理想である

一　品質管理とは

日本的品質管理は経営の一つの思想革命であり、経営の新しい考え方、見方を示すものである、と私は考えている。

日本工業規格(JIS)では、品質管理(Quality Control, QC)を次のように定義している。

「買手の要求に合った品質の品物又はサービスを経済的に作りだすための手段の体系。近代的な品質管理は統計的方法を活用しているので、特に統計的品質管理(SQC)ということがある。」

私は品質管理を「もっとも経済的な、もっとも役に立つ、しかも買手が満足して買ってくれる品質の製品を開発し、設計し、生産し、サービスすることである」と定義している。

この目的を達成するためには、経営者以下、社内の全部門、全従業員が品質管理プログラムに参画し、推進していかなければならない。

私の定義は右の通りであるが、品質管理を行う場合のポイントを簡単に述べておこう。

第一は、買手つまり**消費者の要求を満足させる**品質をもった製品を生産するためにQCを行う、ということである。国家規格や仕様書に合いさえすればよいという誤解があるが、これでは不十分である。JISにしてもISO(International Organization for Standardization)のような国際規格にしても、完全なものはありえない。さまざまな欠点をもっているのが普通である。JISに合致していても、消費者として満足できないものは多い。それに消費者の要求は年とともに変化していくもので、規格の改訂がこれになかなか追いつかないのも通例である。

第二点は、**消費者指向**ということである。従来は、生産者が生産したものを消費者に売ってやるという、生産者の押しつけ型のやり方(プロダクト・アウト)でも通用したが、これからは消費者の要求が最優先する(マーケット・イン)。具体的には、消費者の意見や要求をよく調査して、その要求を十分くみとって、製品を設計し、生産し、販売しなければならない、ということである。さらに、新製品開発の場合は、消費者の要求・要望を先どりして企画することになる。消費者は王様という言葉があるが、製品の選択権は消費者にある。

第三点は、quality をどう解釈するかに関係する。先に述べた定義では、製品の品質という言葉になっているが、実は、われわれはこれをもっと広くも解釈している。つまり、

狭義の質→製品の品質

とすれば

広義の質→仕事の質、サービスの質、情報の質、工程の質、部門の質、作業者・技術者・管理者・経営者の質つまり人の質、システムの質、会社の質、方針の質、等々

というように、これらすべての質を管理していこうというのが、われわれの基本姿勢である。

第四点は、どんなに品質が良くても、価格が高すぎれば、消費者の満足は得られないということである。すなわち、値段を考えないで、品質の定義はできない。このことは品質企画・品質設計の際に重要なことである。つまり、値段・利益・原価管理を無視したQCはありえないということである。同じことは生産量についても言える。工場で生産量、スクラップの量、不良や手直しの数がつかめなければ、不良率、手直し率もでてこないから、QCが行えない。必要なときに必要な量がなければ消費者に迷惑をかける。これが多すぎれば、労働力、資源、エネルギーの無駄遣いになる。これは逆もいえることで、しっかりした原価管理を行うためには、しっかりした品質管理が行われていなければならない。また、生産量管理を行うときに、不良率がばらついたり、不合格ロットが出るようでは、うまい量管理も行えない。**適正な品質**のものを**適正な価格**で、**適正な量**供給できなければならないのである。

① 品質(質)

品質管理を行うということは、

の管理をベースにして

② 原価・値段・利益

③ 量（生産量、販売量、在庫量など）、納期

を総合的に管理していこうということである。

したがって、会社の全部門、全従業員が参画する全社的品質管理という場合、先に述べた広義の質を管理していくとともに、原価管理、量管理などの管理も進めていかなければ、狭義の品質管理も進まない。全社的品質管理が総合的品質管理、全員参加の品質管理、さらに経営の質管理といわれる所以である。

二　品質について

消費者の要求する真の品質をつかめ

品質管理は消費者の要求する品質を実現するために行う。品質管理の第一歩は、消費者の要求する真の品質は何か、これを明らかにすることにある。

以前は、日本の企業でも、よい自動車とはどんな自動車ですか？　よいラジオとは？　よい

鋼板とは？　と質問しても、適切な答えが返ってくることは稀であった。

一般の消費者はともかく、工場の技術者や責任者なら、こういう場合、一見、気のきいた答え方をする。製品規格はこれこれですから、この数字に合っていればとか、図面公差を示してこの範囲内におさまっておれば、とか。しかし、残念ながら、製品規格や図面公差はアテにならないことが多いのである。

・製品規格を見たらいいかげんと思え
・原材料規格を見たらいいかげんと思え
・図面公差を見たらいいかげんと思え
・計測器・化学分析を見たら危いと思え

これはQCを実施するときの私のモットーである。これらの項目はQCを実施する上で基本となるべきものであるが、これがはなはだ曖昧なのである。

二十数年前、新聞用巻取紙のJIS規格を検討していたときのことである。規格には、引張り強さ、厚さ、紙の幅などが定められていた。ところが、製紙工場のQC担当者は「規格に合っていても新聞社から苦情がくることがあるし、規格に外れていても苦情を言われないこともある。したがってこのJIS規格は使っていません」と言う。では、どういうときに苦情がくるのか聞いてみると、印刷中に紙切れを起こす回数が多い場合だと言う。

新聞用巻取紙に消費者(新聞社)が要求する重要な品質の一つは――これを**真の品質特性**という――輪転機にかけても、紙切れを起こさないことであった。これにたいして、引張り強さや厚さは、そのための一つの条件――これを**代用(品質)特性**という――にすぎなかったのであるが、この関係がはっきりしていなかったのである(図参照)。

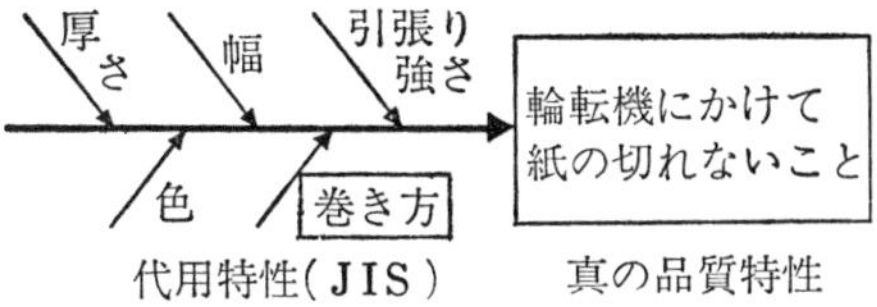

新聞用巻取紙の場合、出荷検査において、全品、輪転機にかけて、切れるかどうか検査できればよいのだが、切れるかどうかは使ってみなければわからず、それは不可能である。したがって、出荷に際しては、これを別の条件、たとえば引張り強さや厚さという代用特性で検査することになる。ところが、これがなかなか厄介なことなのである。

一般に、まず真の品質特性は何かをつかみ次にそれをどのように測定したらよいか、品質水準をいくらに定めるか、これらを明確にした上で、それに影響すると思われる代用特性を選ぶ。それから、代用特性をどこまで押えれば真の品質特性を満足させることができるか、つまり真の品質特性と代用特性の関係を品質解析して、統計的に正しくつかんでおかなければならない。

このためには実際に使ってみる研究(製品研究)が必要であるが、これが十分に行われないで規格(代用特性が多い)を決めてしまうので、巻取紙のような、実際には使いものにならない規格になってしまうのである。私が国家規格でなく、消費者の真の要求を満足させなければならないと強調するのは、こういうことが多いからである。

普通、製品のハタラキ、性能などといわれるものは真の品質特性の一部である。よい乗用車という場合、スタイルがよく、運転しやすく、乗心地がよく、加速性がよく、高速安定性があり、耐久性がよく、故障しないで、修理しやすく、安全であること、等々が消費者の要求する品質、つまり真の品質特性になる。だから、こういう要求を十分満たした乗用車を作ればよいということになるが、これがなかなかむずかしいのである。また真の品質は消費者の言葉で表すことが大切である。

さらに、運転しやすさとはどういうことか? それをどうやって測定したらよいのか? どんな数値におきかえたらよいのか? 乗用車の構造は? 各部品の公差は運転しやすさにどう影響するのか? 公差はどのように決めたらよいのか? 原材料に何を選んだらよいのか? 原材料規格をどう決めたらよいのか? など種々のことを決めていかなければならない。

生産者として大変苦心するところであるが、日本製品の多くが世界一の品質という評価を受けるようになったのは、こういう点に工夫し、品質解析に努力してきたからである。

以上をまとめると

① 真の品質特性をつかむ

② その上で、その測定方法、テスト方法を決める。ところがこれはなかなかむずかしく最後は人間の五官に頼る官能検査となる場合が多い

③ 代用特性をさがし、真の品質特性と代用特性の関係を正しくつかむ

の三項目は避けて通ることのできない、QC実施上のきわめて重要なステップである。この三項目をはっきりさせていくためには製品を使う研究——製品研究が大切である。しかし、製品研究にはお金がかかり、場合によっては、自社のみで行うことができないことがある。このようなときには、製品の生産者と消費者(使用者)が協同実験を行うことが必要になる。

以上のようなことを行うことを品質解析あるいは品質機能展開と呼んでおり、そのための方法、システム、統計的方法など種々工夫されているが、あまりにも専門的になるので割愛する。

品質をどう表現するか

真の品質特性が決まったとして、それでは、これをどう表現したらよいのだろうか。消費者

の要求は、必ずしも生産者にやりやすいかたちで表されるとは限らない。受けとり方によっては、さまざまな解釈が可能であり、その解釈によって、作り方も種々のやり方が可能である。

ここでは、品質を表す場合のポイントになる項目について説明しておこう。

① 保証単位をきめる

電球とかラジオのように、一個ずつ勘定できるもの――これを単位体という――は、消費者によって一個一個の製品が良ければよいのだから、これが品質の保証単位になる。ところが、電線や糸、紙、化学製品や鉱石類の成分、石油の成分などのように連続したもの、粉末、液体などは、どんな単位の品質が問題になるのだろうか。

私の経験したことのなかに肥料の問題がある。肥料の一種である硫酸アンモニアの純度は二十一％以上となっている。この二十一％とは何を意味しているのだろうか。一日の生産量、たとえば千トンの平均純度が二十一％以上あればよいともとれるし、一袋の平均値あるいは結晶の一粒ずつ、すべてが二十一％以上なければならないともとれる。前者の場合であれば千トンが保証単位になるし、後者では各一粒の結晶が保証単位になる。

この保証単位がはっきりしなくては、品質を保証したくとも、きちんと保証することはできないのである。このケースでは、役所と肥料会社が打ち合せて、消費者である農家の立場を考えて一袋(たとえば三十七・五キログラム)を保証単位とした。

② 測定方法をきめる

品質を明確に定義したくとも、その測定方法が曖昧では話にならない。ところが、真の品質特性というものは、測定しにくいことが多いのである。「輪転機で印刷しても紙切れを起こさないこと」これが新聞用巻取紙の真の品質特性であったとしても、これをどう測定したらよいのだろうか。新聞社によって使用する輪転機も違う。自動車で「運転しやすい」ということをどう測定したらよいのだろうか。

物理的・化学的に測定できるものの他、色、音、臭い、味、感触などの人間の五官に頼る官能検査に頼らなければならないものもある。

これらをどう測定するかをうまくつかんだ企業が、品質競争で有利になる。

③ 品質特性の重要度をきめる

一つの製品について、その品質特性が一つしかないということはまずありえない。多くの品質特性があるのが通常である。先の新聞用巻取紙でも「輪転機にかけて紙切れを起こさない」ことのほかに、「裏うつりがしない」「不鮮明な印刷にならない」等々、いろいろな品質特性が考えられる。

多くの品質特性があるなかで、その重要度の順位づけをしっかり行っておかなければならない。一般には、不良、欠点をとりあげ、つぎのように分類している。

致命欠点――人命とか安全に関係する品質特性、たとえば、自動車のタイヤがはずれる、ブレーキがきかない、など。

重欠点――製品の性能に大きな影響を及ぼす品質特性。自動車のエンジンが動かなくなる、など。

微欠点――性能にはまず影響しないが、消費者によろこばれないような品質特性。自動車の塗装のキズなど。

製品によっては、もっと細かく分類する必要もあろう。一般には、致命欠点は絶対にあってはならないものであり、微欠点は多少あってもさしつかえないものである。

この重要度づけをすること、言い換えれば重点指向は、QC実施上、きわめて重要な考え方である。

以上述べたことは、不良、欠点などの品質で**後ろむきの品質**といっている。これに対し、加速性がよいとか、運転しやすいというように、製品のセールスポイントになるような品質を**前むきの品質**といっている。この前むきの品質にも重みをつけて、セールスポイントをはっきりさせておかないと、製品は売れない。

一般に、みんな重要だというので、中途半端な製品になっている場合が多い。

④ 不良や欠点についての思想統一

生産者と消費者のあいだで、あるいは同じ会社のなかで、不良や欠点についての考え方がまちまちの場合がある。

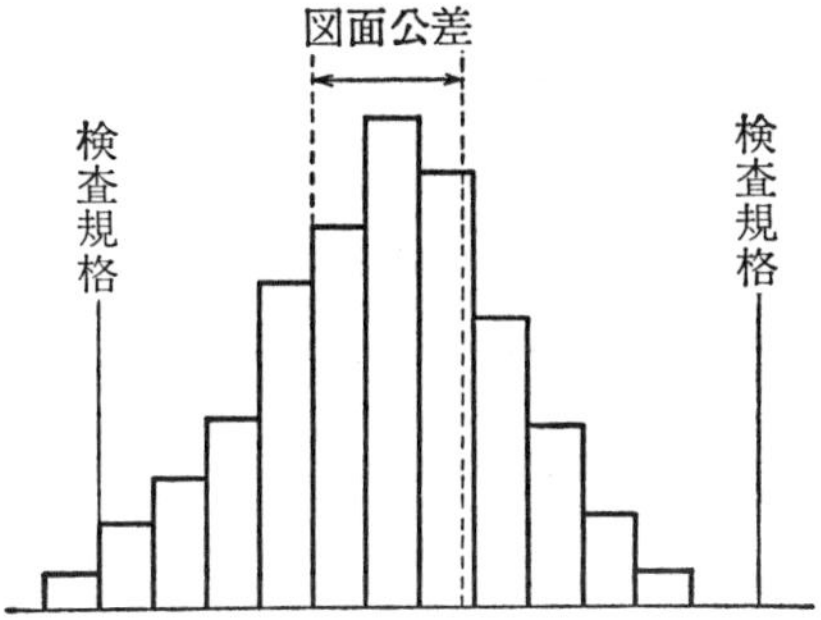

よくあるのが人間の五官による検査(官能検査)の場合である。塗装面についているキズなど、ある人は欠点だというし、別の人は、性能上問題がなく欠点ではないと言う。ラジオの音質など、見解の相違としかいいようのない場合が多い。このような不良や欠点の限界については、規格として文章に書き表すことが不可能なことが多く、厄介なのである。これらは、生産者と消費者が十分に協議して、ここまではよいという限度見本をきめておくことが大切である。

もう少し極端な例を挙げてみよう。

ある機械工場に行ったときの話である。私が行くまでに、各現場で、品質特性についてヒストグラム(柱状図)をつくらせておいた。その一つが図である。

さて、このヒストグラムに点線で示したような図面公差を入れてみた。この図から判断するかぎり、半分くらいは不良になっている。そこで、検査部門に不良率を調べさせたところ、不良率は〇・三%にすぎないという。公差から外れたものを手直しして出荷しているのかと訊いてみると、手直しはしていないという。おかしいではないか、ということで、だんだん調べていくと、次のようなことが判明した。検査には検査規格が別にあって、それは図面公差よりずっと幅の広いものであった。この検査規格に入っておれば、後工程では問題にならないので、こんな検査規格にしたのだという。

実は、この工場では、図面公差に外れたものを不良というのか、検査規格に外れたものを不良というのか、部門間で思想統一ができていなかったのである。

もう一つ電機工場の例を話そう。部品不良が〇・三%だという。ところが、私が組立現場を見たところそうは見えない。そこで次のような調査を行ってみた。部品を百種類、無作為(ランダム)に選び、各一個ずつ、図面のすべての規格寸法と比較してみた。すると、図面一枚につき、平均三箇所のくい違いが見出された。ということは、不良率三〇〇%ということである。

さらにわかったことは、この図面通りの部品で組み立てたのでは、うまく組み立てられないものが出るということであった。

実は図面にも問題があったのだ。にもかかわらず、図面を改訂せず、現品の寸法だけを変えて生産していたのである。工場から設計部門に図面の改訂を依頼しても、誇り高いというか己惚れが強いというか、頭の固い設計屋が図面を改訂しなかったのである。図面からみると全品不良であるが、図面通りつくると、今度は本当に不良品が出る。また図面通りつくらなければならないのに、特採で用いていて、組立に不具合のでているものもあった。

これも社内の思想統一のできていない例であろう。このような例は必ずしも珍しいことでなく、電機や機械関係の工場では、一度ぜひ部品と図面をチェックされたらよい。

⑤　潜在不良の顕在化

上の例でも明らかなように、工場や企業で表面に数字として現れている不良——これを顕在不良という——は氷山の一角にすぎない。広義に不良を考えれば、その十倍、いや百倍はあるはずである。この隠れている不良、つまり潜在不良を顕在化すること、これがQCの基本である。

使いものにならず廃棄されるものだけを不良といっているところがあるが、これはもっと厳密に考えなければならない。たとえば、手直し品、特採品、調整品は、いずれも不良である。

手直し品というのは、最初につくったとき規格に合わなかったので、もう一度削り直して良品にした、という類のものである。手直し工数が余計にかかったので不良というべきである。特採品というのは、細かくみればおかしいのだが、納期などの関係で、あえて目をつぶって特別に採用しますというもので、もちろん不良である。

組立工程において、たとえばカメラやラジオなど、一度組み立てはじめたら、何の調整も手直しもせず、そのまま出荷できるものは良品であるが、途中で修正や手直しを要するものは、たとえ、最後がよくても不良である。組み立てたら調整や修正をしないで、完全な良品になる率のことを**直行率**という。直行しない製品は、消費者の手に渡ってから故障しやすいものであるから、直行率が九十五パーセント、一〇〇パーセントになるように、設計・工程を管理しなければならない。

このように、厳密に考えていくと、企業のなかには潜在不良や潜在不良工程は沢山ある。QCを始めたら、まず不良の定義を明確にして、潜在不良・潜在不良工数を洗い出さなければならない。

⑥　統計的に品質を見る

われわれの身の回りの製品や仕事を少し精細に見てみると、どれ一つとして同じものはありえない。どこかしら必ず違いが見出せるものである。

製品一つとっても、原材料、機械設備、作業方法、作業者などに多くの要因が影響していてまったく同じものをつくることは不可能である。製品の品質は必ずバラツキをもっている。言い換えれば、製品の品質を集団としてみた場合、統計的に分布をもっている、ということができる。

一つ一つの個々の品質も大切だけれど、実際には、数十個、数百個という集団としての品質を問題にする場合が多い。たとえば、電球の寿命一つとってみても、百時間から二千時間というバラツキの大きい当りはずれのあるものより、九百時間から一千百時間というバラツキの小さい集団としての品質の均一な安定したものの方が、消費者に喜ばれる。

したがって、品質を考えるときは、集団としての統計的な分布を考えて、工程管理を行い、検査をしていかなければならない。分布を表すのに平均値と標準偏差を用いるが、これについては他書にゆずりたい。
⑦ 設計の品質と実際の品質
設計の品質とは、ねらいの品質ともいわれ、企業としてこの程度のものをつくりたいとねらっている品質をいう。先程の電球の例でいえば、寿命が九百時間から一千百時間のものをねら

うのか、二千時間から二千五百時間のものをねらってつくるのか、ということである。一般に、設計の品質を上げようとすれば原価は高くなる。

実際の品質とは、設計の品質にどこまで適合したものが実際に生産できるかということで、適合の品質ともいう。この間に差があるということは、不良や手直しがあるということを意味する。実際の品質が向上すれば、原価は低減するものである。

品質管理をよく知らない人は、QCをやるとコストがかかり、生産性が下がると誤解している。検査をすることがQCと思っていれば、すなわち旧式の検査重点主義のQCで検査ばかりやっていればコストはあがる。また設計の品質を上げれば、もちろんコストは上昇する。しかし、実際の品質が良くなれば、不良、手直し、調整がへる。この結果、コストは下がり、生産性が上がるのである。さらに設計の品質が消費者の要求にマッチしておれば、販売量が増加し、量産効果を生み、これが合理化につながり、ますますコストは減少する。日本商品の多くが世界的競争力をもてるようになったのは、この二つの品質の相乗効果の結果である。

日本では、国際競争に打ち勝つために、設計の品質を高くした。そのため、もちろんコストは高くなるが、工程管理をよく行って実際の品質をよくし、不良・手直しをなくして、コストダウンを行った。さらにねらいの品質がよかったために、世界中の消費者がどんどん買ってくれるので、生産コストがさがり、結果として、良い製品が安くできるようになったのである。

品質規格の管理

先にも述べたように、国家規格や国際規格をはじめ、各社の社内規格にしても、完全といえるものはない。何がしかの欠点をもっているのが普通である。また、消費者の要求は常に変化しており、年々高くなっていく。一度制定した規格も、すぐに時代遅れになってしまう。

われわれは、QCを、消費者の要求を充すために行っている。「国家規格や社内規格だけを目標に品質管理を行ってはならない。消費者の要求に合う品質を目標にしなければならない」と強調しているのである。

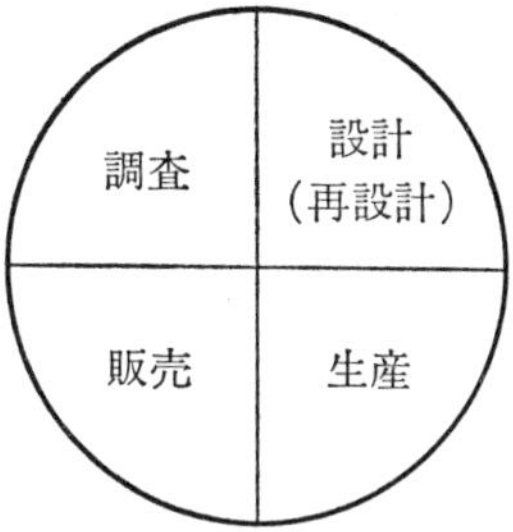

デミングの品質サークル

具体的には、常に品質規格を見直して、改訂して、向上させていかなければならない。

一九五〇年にデミング博士が日本の講義で強調したのもこのことである。図のように、設計し、生産し、販売したならば、必ず市場調査を行い、品質の再設計を行って品質をつぎつぎ良くして行くという考え方である。消費者の声によく耳をかたむけ、むしろそれを先どりしてそういう声を規格に反映させていかなければ、QCの目的を果たすことはできないし、消費者に品質を保証することもできないのである。

われわれは消費者を、一般のいわゆる消費者のみに限って考えてはいない。一つの製品、仕事を考えてみても、多くの人たちの協力の上にでき上がってくるものである。前の人から、あるいは前工程から仕事を受け継ぎ、次の人へ受け渡して、はじめて成り立つものである。「次工程はお客様」というQCの格言があるが、次工程も消費者であり、お客様である。

消費者の意見や不満、次工程の意見を品質規格に反映させて、たえず改訂していくという管理を行わなければならない。規格は、標準化、統一化という意味では、ある程度固定しておく必要があるが、これの度がすぎれば、企業の一人よがり、国家の強制となり、消費者が泣くことになる。

私は、「標準や規格が作成されて、半年たって改訂されていないということは、使われていないことの証拠である」をモットーとしている。

三　管理の考え方

QCを戦後、日本で始めたとき、一番苦労したのが、この管理ということである。管理の考え方を、経営者をはじめ、中堅管理者、技術者、作業者など、全社全従業員にいかに理解させ実行させるかであった。

さらに困ったのは、経営管理関係の言葉が、日本国内はもちろんのこと、世界的に混乱していたことである。経営、管理、管制、統制などよく似た言葉があり、英語でも、management, control, administration などいろいろある。国により、人により、言葉の意味が違っている。言葉の問題は議論し出すとキリがない。行きつくところは趣味の問題ということで、これでは時間の浪費である。だから、私は言葉の議論は嫌いである。

経営、管理、管制、統制、それぞれのもつ言葉のニュアンスは違うが、共通点がある。それは、いずれも、ある目標、目的を決めて、それをいかにうまく実現していくかということである。

物理、化学、数学といった学問は、政治体制、人種、宗教を問わず、万国共通の普遍的なものである。しかし、管理とか経営ということになると、人間的要素がきわめて大きく影響し、万国共通というわけにはいかない。

日本のQCは、元々は米国やヨーロッパから輸入したものであるが、そのまま適用したのでは必ず失敗したに違いない。そこで、いろいろ日本風に料理し直して、いろいろ工夫して、今日の日本のQCを築き上げてきたのである。その辺の事情については、第二章で述べているが、ここでは、管理についてどう考え、どう進めていくかについて述べておこう。

昔の管理の問題点

管理にしろ、組織にしろ、戦後、初めて日本に導入されたものではない。戦前においても、それなりのことはやられていた。しかし従来のやり方には多くの問題があった。

「不良をだすな」「コストを下げよ」「能率を上げよ」こういうトップ方針は、昔からあった。むしろ、トップは、こういう命令だけを出していた、といった方がよい。

さて、この命令が、社長→重役→工場長→課長→職長→作業者と流れていくわけだが、これがトンネル式に流れていくにすぎなかった。トンネル式に流れていけばまだいい方で、途中のトンネルがつまっていたり、曲っていたりで、下まで伝わらないケースは珍しいことではない。社長方針では「不良をだすな」になっているのに、末端の監督者は「納期が間に合わないからこの程度の不良品はだしてしまえ」などという例は、よく見かけることである。

上から命令して、しっかりやれ、頑張れというやり方を、私は精神的管理、大和魂的管理、むち打つような管理といっている。人間である以上、精神も大切であるが、精神だけでは永続きしないし、うまい管理は行えないのである。

私は、製造現場の不良や失敗で、現場の作業者の責任に帰すべきものはせいぜい四分の一か五分の一にすぎないと考えている。ほとんどは管理者や経営者あるいはスタッフの責任である。ところが、精神的管理では責任のすべてが末端にしわ寄せされてしまうのである。

われわれが日本でQCを始めた頃には、この他にもいろいろ問題があった。

①　抽象的管理論が多く、実際的でなかった。科学的・合理的な方法論がなかった。

②　目標に到達する手段を全員参加で十分検討していなかった。

③　統計的方法による解析や管理方法を知らなかった。

④　社長以下全従業員に、品質および管理について教育していなかった。

⑤　一部に専門家はいても、専門分野にとじこもり、大局的、総合的に考えていなかった。

⑥　上司方針があっても、それが思いつきの、場当り的なものが多く、相矛盾するような命令が平気で出されていた。

⑦　セクショナリズムが強く、部門間の権限争いや責任のなすり合いばかりやっていた。

等々と挙げていくと、今でも、至るところに、似たようなところが思い浮かぶが、それは読者の判断にまかせよう。

どのように管理をすすめるか

それでは、どんなやり方をすればよいのだろうか。管理の進め方について述べていけば、どんなにページがあっても足りないくらいだが、ここでは、その骨組だけを簡単に説明しておこう。

昔テイラーがいいだした、plan—do—seeという言葉があったが、これは日本人にはむかない。中学生以来seeという言葉を「見る」とならっているので、やってみて、眺めているだけということになりやすい。そこで一般には、plan—do—check—actionといっている。いわゆる管理のサークル（PDCA）をきちんと回していくことが大切であるが、私はもう少し細かく、六つのステップに分けて、実施していくのがよいと考えており、これで成功してきた。

六つのステップとは次の通りである。

① 目的・目標をきめる
② 目的を達成する方法をきめる } P

③ 教育・訓練する
④ 仕事を実施する } D

⑤　実施の結果をチェックする　　　C

⑥　処置をとる　　　A

この各ステップごとに、その要点を説明しておこう。

①　目的・目標をきめる←——これは方針によってきまる←——方針をきめた根拠は明確になっているか？　データは明確になっているか？

方針がきまって初めて目標がきまる。この方針は経営者がきめなければならない。だからといって、部長や課長に方針がなくてよい、ということにはならない。長と名のつく人は、それぞれ自分なりの方針をもたなければならない。上司の方針を口うつしに部下に伝えるだけでは旧態依然としたトンネル式命令にすぎないからである。

方針を出す以上、方針をきめた根拠、データは明確にしなければならない。トップ方針をきめるのは経営者であるが、その根拠あるいはデータを集め、解析するのは部下およびスタッフの任務である。社長の思いつき的発言にふりまわされないためにも、データを十分集め、しっかり解析しておかなければならない。このことは部課長が方針をきめる場合もまったく同様で

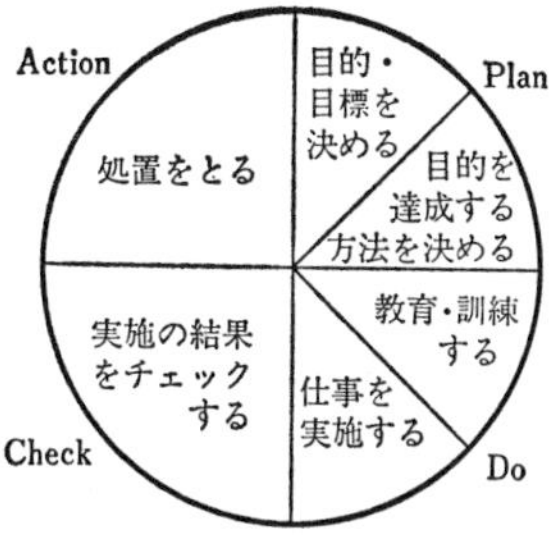

管理のサークル

ある。日本の企業の共通的欠点は、トップ、部課長が方針をきめるための根拠、データ、情報がないか、不足しているか、あるいは、たとえあっても十分に解析されていないことにある。

このデータがないために、方針管理、目標管理(これらの言葉は私はあまりすきではないが)を始めてから、うまくいくようになるまで、数年かかるのである。

方針は総合的にきめなければならない。不良が三〇%も四〇%もあるから「不良をへらせ」という方針が出るのはわかるとして、一方で「生産量を確保せよ」では末端が混乱するだけである。そういう意味から、方針は、あるいは目標も、重点的でなければならない。できれば三項目、多くても五項目ぐらいにしたい。

さて、方針がはっきりすればおのずから目標もきまる。この目標は、具体的に数字で示すべきである。これには前に述べた根拠が必要である。目標は目的的に示せ、といってもよい。人、品質、コスト、利益、量、納期など、具体的に数字を入れて示すのがよい。「勉強せよ」とか「しっかり管理せよ」というのは、抽象的であり、方法論的ではうまい管理はできない。

目標は期限をきったものでなければならない。また、上下の幅をはっきりさせて、たとえば必達目標と努力目標は区別しておくことも必要である。

目標は、部門、組織中心に与えるよりも、問題別に与えた方がよい。各部門が協力してとりくむような形を考えなければならない。

方針・目標は書類にして広く配布しておくことも必要である。また、方針・目標は、下位にいくほど細かく分解し、具体化し、しかも一貫性のあるものにしなければならない。(これを方針展開、目標展開という。)

また経営ということを考えると、目標には重点的な目標と日常業務的な目標がある。すなわち管理には、重点管理と日常管理がある。年度方針がきまれば、年度計画・年度目標がきまってくるが、この中には重点目標と日常管理的な目標がきまることになる。

もう一つ私が気にしていることは、**方針管理・目標管理**という言葉である。元来、管理するには、方針・目標のない管理はありえないのであるから、方針とか目標という言葉はなくてもよいのである。またあまり方針とか目標を強調しすぎると、前に述べたように、方針や目標をだして、頑張れ、頑張れという大和魂的管理になりやすいからである。

方針管理・目標管理という言葉は語呂が良いから用いてもよいが、ここでのべる管理の考え方、やり方を理解していないと失敗する。

② 目標を達成する方法をきめる＝仕事を標準化する

目的・目標だけ示して、それを達成する方法をきめておかなければ、単なる精神的管理に堕すおそれがある。不良率を三％にせよという目標はでても、そのために、ただ頑張れ頑張れと尻をたたくだけでは、竹槍で爆撃機を墜とせというに等しく、科学的・合理的な方法をきめなければコトは進まないのである。

といって、方法には、いろいろある。個人個人、勝手にやっておれば、それぞれの人にとっては最善の方法であったとしても、これでは組織として大きな成果を上げることはできない。たとえ、それがすぐれた技術であったとしても、単なる個人の技能に終わってしまい、企業・職場の技術として蓄積されていかないのである。

方法をきめるということと、イコール標準化に結びつけることに奇異な想いを抱かれるかも知れないが、方法をきめたら、それを標準化、規定化して、共通の技術・財産にせよ、という意味であり、標準化できるような、みんなに使ってもらって問題の起こらないような方法をきめよ、ということでもある。

たとえば、標準化・規定化といったとき、すぐに思い浮かぶのは次のようなことであるが、こういうことがあってはならないのである。

(イ) 現場を知らない、知ろうとしない本社部門や専門技術者が、それを実際に使う人の意向を無視して、勝手に細々とした標準や規定をつくっているということである。標準を頭の中だけで、紙の上だけでつくって、現場に不自由な思いをさせて楽しんでいる本社や技術者は多いのである。国家規格に不完全なものが多いのも、ここら辺と似た事情がありそうである。

㋺　世の中には統制主義者というものがいて、規定ばかりやたらに沢山作成して、人をしばりつけることを管理と思っている人がいる。何のための規定化なのか、理解に苦しむケースも多い。目的をはき違えた規定化、標準化は、仕事をやりにくくし、能率をおとし、人間性を無視することになる。

以上二点は、標準化・規定化のいわば弊害を述べたものであるが、私は次のように考えている。

次ページの図でいえば、右端にある品質特性を達成するのが結果であり、目的である。これに対して、左側の枝の先にあるのが結果に対する原因であり、ここに取り上げた原因をQCでは要因と呼ぶ。

われわれはこの要因の集合(あつまり)を工程(プロセス)といっている。工程(プロセス)とは、いわゆる製造工程だけでなく、設計・購買・販売・人事・経理など、それぞれの仕事も工程であり、政治、行政、教育など、すべて工程である。原因があり結果があり、つまり要因があっ

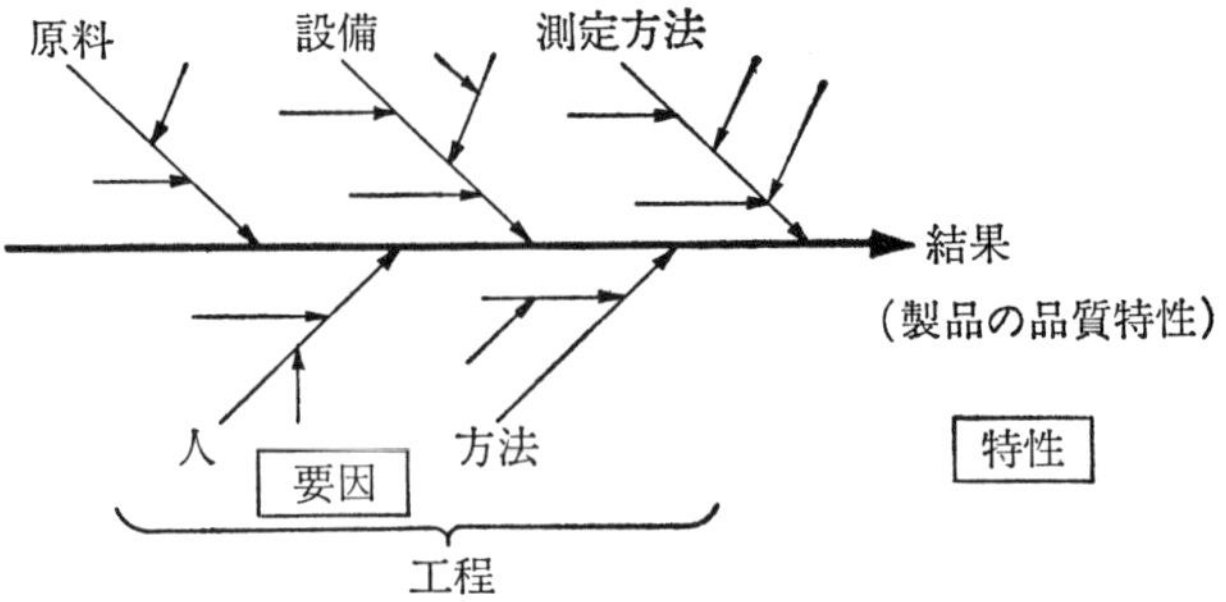

特性要因図

て特性のあるところはすべて工程であり、この工程に対して、QCでいう工程管理は有効な働きができると考えている。

昨今、TQCブームとかで、ホテル、デパート、銀行、建設など、従来のメーカーとは違った業種にまで、TQCが普及してきたが、私には不思議でも何でもない。やっと理解してもらえるようになったか、という感慨しかない。私は、政治、行政、教育などにも、QCの考え方は有効であると考えているが、それは別のところで述べることもあろう。

われわれは、この要因（原因）のあつまりである工程を管理して、よい製品、よい結果を得るべきである、と主張しており、こういう考え方を、要因を先手を打って押えるという意味で先手管理といっている。これに対して、仕事の結果を見て騒ぎ出すやり方、たとえば月末になって、売上高が不足しているといって押込み販売をするようなやり方は後手管理である。

私はこの図に、特性と要因の関係を表したものなので**特性要因図**と名付けた。管理するには、目標を示して頑張れ頑張れというのではなく、要因の集りである工程をしっかり押えて、よい製品・目標・結果をつくりこむという工程(プロセス)管理の考え方を理解してもらうために開発したものである。その後昭和二十七年に川崎製鉄葺合工場で、全工程でこれを作成し、標準化を行い、管理をしたところ大きな効果をあげることができたので、その後、現場でどんどん用いるようにし、現在では世界中で用いられている。ジュラン博士が一九六二年に、彼の『QCハンドブック』の中で、特性要因図(cause and effect diagram)のことを石川ダイアグラム(Ishikawa diagram)と名づけたので、海外の現場では、そのようにも呼ばれている。この図には、魚の骨(fishbone diagram)というニックネームもついている。

さて、要因は無限にある。どんな仕事、どんな工程をとっても、たちどころに十や二十の要因は出てくる。この要因のすべてを管理しようとしても不可能であり、第一不経済である。

どんなに沢山要因があっても、本当に大切な要因、結果に大きく影響を及ぼす要因はそんなに沢山ない。パレートの原則にしたがって、せいぜい二つか三つの重要な要因を標準化してしっかり押えていけば、大きな成果を得るものである。だから大切なことは、この大きな要因を探し出すことである。

探すとき、その工程についての経験をもっているすべての人々、作業者、技術者、研究者の意見をフランクに(ブレーン・ストーミング的に)聞くとともに、そこで出された意見を、統計的方法を使って解析し、科学的・合理的にデータで裏付けをとる必要がある(これを工程解析という)。こうして出された結論こそ、すべての人に理解してもらえ、納得してもらえるものになる。これが標準化の第一歩である。最近では、職場をよく知っているQCサークルが標準の作成や改訂をよく行っている。

また、標準化、規定化は、部下に権限を委譲するために行うものである、と私は考えている。わかり切ったことは、標準化して、どんどん部下にまかせるべきである。

ここで忘れてはならないのは異常が起こったときの処置である。

・異常が起こったときに、誰が何をすべきか、どこまでやってよいのか(権限)

・誰の指示を受けなければならないか

これは明確にしておかなければならない。

それにもう一つ、前にも述べたが、標準・規定は不完全なものである。常に見直して改訂していかなければならない、ということである。

「新しく作成した標準や規定が、半年たっても改訂していなければそれは使われていない証拠である。」このようにして、しっかり工程解析を行い、標準を改訂していくことにより、技術が進歩し、技術が企業に蓄積するのである。

③　教育・訓練する

上司には部下を教育する責任がある。部下を育てるのは上司の責任である。

作業標準や技術標準など、どんなに立派な規定ができても、それを配布しただけでは、読まれもしないし、たとえ読まれても、その精神や考え方、やり方を理解してもらうことはできない。使ってもらうべき人に対してきちんと教育しなければならない。

教育といっても、集合教育だけをいっているわけではない。教室に人を集めて講義する教育は、教育のなかの三分の一か四分の一を占めるだけである。上司は実務を通して、一対一で部下を教育していかねばならない。そして、教育したら、思い切って権限を委譲して、自由にやらせることである。これでこそ部下は育つ。

私は、性善説的品質管理を提唱している。相手、部下を信用しないで性悪説的管理を行い、統制ばかりきつくし、検査を盛んに行っていては、うまい管理は行えない。管理の理想は、全員がしっかりしており、チェックなどしなくとも、安心しておれるという状態である。

人間の性は善である。教育すれば、人間はしっかりした、任せておける人間になる。だからこそ、教育を強調するのである。教育・訓練して部下がしっかりしてくれれば、管理の幅(一人で何人を管理監督できるかという人数)はどんどん大きくなり、余分な管理者は不要になってくる。私の理想は、一人の監督者で百人をうまく使えるようになることである。オーケストラの指揮者のように。

④　仕事を実施する

以上のことがしっかり行われておれば、実施に問題はないはずである。

上からの命令だけで実施を強制しても、うまくいくものではない。状況は常に変化するものであり、上からの命令や指示が、これに追いつけるはずもない。QCサークル活動で私が自主性を強調するのも、こういうところがあるからである。

米国のZD運動が失敗した理由はいろいろあるが、その一つは単なる精神運動であり、人間性を十分に考えず、人間を機械として扱ったことにある。それにもう一つ、標準通りやっておれば不良はゼロになるはずだという考え方である。何度もくり返すようだが、私の考え方は、標準や規定は常に不十分であり、その通りやっても不良や欠陥は出る、あとは経験や熟練でカバーしている、ということである。

実施のすべての問題点は、管理のすべてのステップに現れる。

⑤　実施の結果をチェックする

仕事がうまくいっているかどうかを、どうやってチェックしたらよいのだろうか。命令しただけ、指示しただけ、教育しただけでは、経営者として、管理者として、スタッフとして、責任を果たしているとはいえない。従来、命令や指示の出しっぱなしが多く、それに対するチェックが十分に行われていなかった。

チェック、チェックで抑えていく性悪説的管理は必ず失敗するが、無チェックでも管理は行えない。放任主義では管理者といえない。本来無チェックでもうまくいくのが理想的であるが、従来、あまりにもチェックが行われていないので、ここではチェックの重要性を強調しておきたいのである。

管理において最も重要なことは例外(異常)の原則である。目標通り、標準通り進んでいるときは、放任しておいてよい。それからはずれたときに、例外事項が起こったときに、それがわかるようにしておき、処置をとる必要がある。これを見つけることがチェックである。したがって、チェックするためには、その基本になる方針、目標、標準化、教育などがしっかり示されていなければならない。これらが明確になっていなければ何を基準に例外というのか。方針、目標も出さずに、チェックだけ厳重にするトップがよくあるが、私はこれを「犬も歩けば棒にあたる」式チェックといっている。これでは部下はかなわない。何をチェックされるかわからないのであるから。

さてどうやってこれを発見すればよいのだろうか。

④ 要因をチェックする

チェックの第一歩は、要因をしっかり押えているかどうか、ということである。別のいい方をすれば、設計、購買、製造などの各工程で、要因を標準通りしっかり押えているかどうかをチェックすることである。すなわち、特性要因図でいう要因のチェックである。

このためには各職場をよく見て回ることが必要である。昔から、現場をまわれとよくいわれているが、単に散歩して回るだけではダメである。目的意識をしっかりもって、標準や規定と比較してチェックするわけである。要因は無限にあるから、一人の人間がすべてをチェックできるわけがない。大きな危い要因から重点的にチェックすることになる。このためにチェックリストを整備しておくと有効である。こういうことから、逆に作業標準の不備も発見できるのである。このチェックすべき要因を点検項目ということもある。

もう一つつけ加えておきたいことは、要因のチェックは下級管理者の仕事であるということである。ところが、部長になっても、重役になっても、細かい要因をチェックして楽しんでいる人がある。部長・重役は、もっと高く、広い視野で、要因ではなく、結果でチェックしなければならない。細かい要因ばかりチェックしているようでは、職組長並みということで、私は**職人部長**、**職人重役**と呼んでいる。

㋺ 結果でチェックする

もう一つの方法は、工程、仕事の結果でチェックすることである。特性要因図でいう特性でチェックすることになる。結果としては、人間関係(出勤率、提案件数など)、品質、量、納期、原単位、原価などがあろう。この変化を見ることによって、工程が、仕事が、経営がどうなっているかをチェックするのである。

結果が悪いということは、工程のどこかに異常が起こっており、問題が起こっていることを示している。だから、その異常原因、つまり要因を探して、その要因をしっかり押えて工程を管理していこうということである。

工程や経営を結果でチェックする項目を**管理項目**という。長と名のつく人は、この管理項目をもっていなければならない。職組長なら五〜二十、課長以上社長までは二十〜五十項目はあるはずである。

さて、注意していただきたいことは、結果**で**チェックするのであって、結果**を**チェックするとは言っていないことである。品質についていえば、品質で工程や経営をチェックするのである。結果を(品質を)、チェックするのは、検査であって、管理とは全く別の考え方である。品質で工程や経営のやり方をチェックし、工程をしっかり管理して、自然に良い製品ができてくるようにしようというのである。これは原価管理など他の管理にもいえることで、原価で管理するのであって、原価を管理するのではない。

さて、結果は必ずばらつく。同じ原料で、同じ設備で、同じ人間が、同じ方法で生産しても必ず結果はばらつく。同じ結果になるはずだと考えている人がいるが、これは間違いである。こういう人がいるかぎり、企業や職場からウソのデータはなくならない。

QCでは、結果を時間的にグラフに書き、それに統計的に求めた管理限界線を記入して、例外を判断しようというのである。要因は無限にあるから品質も生産量も原価も、つまり結果は必ずばらつく。つまり、結果は分布をもっているのであるから、分布という統計的な考え方を用いて、例外(異常)を見つけようということである。このチェックに用いる道具が管理図である。管理図については文献を参照いただきたい。

結果で工程や経営の異常な要因をさがしていくためには、ロットの履歴、データの履歴を明らかにしておくことが大切である。すなわち、この製品は、どの原料・部品を用い、どの設備で、誰が、いつ生産したかなどということ、言い換えればロットの層別をしっかり行っておくということである。層別という考え方は、QCの考え方の中で最も重要なもので、しっかりした層別を行わなくては、解析も管理も行えないのである。

こうしてチェックした結果は、できるだけ迅速に、該当部署・人にフィードバックして、異常原因を発見し、その要因に対して、次項で述べるようなアクション、処置をとることになる。

⑥ 処置をとる

結果でチェックして何か異常、例外を発見しても、それだけでは何の役にも立たない。当然その異常を起こした要因を発見して、処置をとることになる。

処置をとることについて重要なことは、再発防止の手をうて、歯止めをせよということである。別の要因について単に調節を行って異常を除去するのではなく、異常を起こした要因を除去しなければならない。調節と再発防止とは、考え方も、とるべきアクションもまったく異なる。異常原因を除去する場合も、さらにその根本原因にさかのぼって、再発防止の処置をとらなければならないのである。再発防止というのは口でいうのは簡単であるが、実際にはなかなかむずかしく、応急処置でお茶をにごしている場合が多い。再発防止はQCでは非常に重要なので次章で改めて述べることにする。

さて、一通り管理のやり方について述べてきたが、管理がうまく行われていない原因は、①から⑥のステップに述べてきたことを裏返して考えてみればよい。ほとんどの原因はこれに入ってしまうに違いない。

この六つのステップを忠実に踏んで、一度、自分の職場の仕事を見直してみることをおすすめしたい。

ここで、私の経験から、注意しておくべき点について述べておこう。

(イ) 部下の責任による失敗は四分の一か五分の一であるから、部下の失敗に怒ってはならない。怒ることによって、真の姿が隠されてしまう。ウソのデータ、報告が横行する。むしろ、失敗を気安く上司や同僚に報告し、全員参加で再発防止策の検討ができるようなムードにしなければならない。

(ロ) 原因不明が多いということは、管理の考え方が徹底していないからである。管理が徹底してくると、原因不明は減少する。

(ハ) 処置をとった結果を必ずチェックし、その結果がよかったかどうか、根本原因までさかのぼって再発防止ができているかどうか再チェックすること。正しい処置をとったつもりでも間違っていることが多いのである。短期的・長期的にチェックしてみる必要がある。

㊁ 管理とは現状維持を意味しない。再発防止を確実に行っていけば、少しずつではあるが必ず進歩・向上がはかられるものである。

以上の六つのステップで統計的方法を活用していけば、統計的管理である。これを品質について行えば統計的品質管理（ＳＱＣ）であり、原価について行えば統計的原価管理である。

管理・改善の阻害要因

さて、最後に管理・改善の阻害要因とでもいうか、うまく進めていく上で障害になっている点に触れておこう。一言でいえば、それは人間である。人の考え方である。以下、箇条書にする。

① 経営者、管理者の消極性。責任をとることに逃避的な考え方。

② 現在すべてうまくいっている、何も問題がないと思っている人。問題意識のない現状安住派。

③ 自分のところが一番うまくいっていると思っている人。唯我独尊型。

④ 慣れていることが最もやりやすい、最もよいと思っている。自分の経験だけを信じている人。

⑤ 自分のこと、自部門のことしか考えない、セクショナリズム。
⑥ 他人の意見を聞く耳をもたない人。
⑦ 抜駆けの功名心の強い人。あるいは自分のことばかり考えている人。
⑧ アキラメ、ヤキモチ、ソネミ。
⑨ 井の中の蛙。部門外、企業外、社会、世界のことを知らない。
⑩ もっとも封建的な人は「実務をとっている人、センスの悪い管理者・現場人、教条主義の労働組合」といわれる、等々。

こういう人たちの考え方を打破していくには、勇気、協調精神、熱烈な開拓者精神、現状打破の精神、そして困難を突破していく作戦、戦術と戦略、および絶えざる努力に自信が必要である。

「何か新しいことを実施しようとすると、最大の敵は社内・身内にいる。この敵を説得できなければ前進はない。」

第四章　品　質　保　証

品質は設計と工程でつくり込め。検査でつくれるものではない
検査重点のＱＣは旧式のＱＣである
管理の基本は再発防止
新製品開発のＱＣ、品質保証がＴＱＣの真髄
現象を除去することより原因、さらに根本原因を除去せよ
どの新製品も常に成功し、消費者が「あそこの新製品は安心して喜んで買える」ということになったら、その会社のＱＣは一人前である

一　品質管理と品質保証

品質保証は、品質管理の真髄である。

日本の企業は、品質第一という考え方で全社的品質管理を導入し、実施し、これが世界中の消費者が喜んで買ってくれる世界一信頼性の高い製品、たとえば乗用車、カメラ、カラーテレビ、ビデオ・レコーダー、鉄鋼製品などを生産性よく低コストで、生産し、輸出する原動力になった。品質第一主義で貫いた経営を行ったことが、品質を飛躍的に向上させただけでなく、長期的に見て、生産性を大きく向上させ、コストダウンを可能にし、売上高の増大、利潤の確保につながったのである。

一方、米国の経営者は、前にも述べたように、短期的な見方にとらわれ、利益第一主義をとったために、日本との競争に負けてしまった。このことは最近、欧米でもやっと認識されはじめたようで、欧米の新聞、雑誌、学会誌などに、「日本に学べ」という論調がふえていることでも明らかである。

本章では、品質第一主義の経営、あるいは全社的品質管理の真髄をなす品質保証(Quality

Assurance, QA)について述べる。

品質保証を考える場合、私は次の三項目が重要であると考えている。

① 消費者の要求(真の品質特性)に合った品質を保証すること。国家規格に合っているかどうかではない。国家規格を満足できないようでは問題にならない。

② 輸出の場合も同様である。相手国の消費者の要求に合った品質を保証しなければならない。

日本から多くの乗用車が米国に輸出されている。ところが、米国からの輸入は多くない。これが貿易の不均衡を生み、経済摩擦として多くの論議をよんでいる。

日本の乗用車がなぜ売れるのか。答は私に言わせれば簡単で、日本のメーカーは米国の消費者の要求に合った乗用車を生産し、そういう乗用車の品質を保証しているからである。たとえば、日本のメーカーは、米国向けであれば左ハンドルの車(米国は右側通行)をつくる。その上、故障のない、燃料消費量の少ない、経済的な乗用車を生産している。一方米国はというと、日本の消費者の要求に合ったものを生産しているとはいえない。燃料消費量は大きいし、故障しやすく、維持費も高くつく。ハンドルは日本の実情を無視して左ハンドルのままであり、右ハンドルのものも真に右ハンドル用にできていないものが多い。

これでは、一部の外車をもつことに意味を感じているような人を除いて、だれも購入しない。

③ 品質保証をしっかり行うことが、

㋑ 世界の消費者に幸福と満足を与え、それが販売量の増加につながり、

㋺ 長期的には企業の利益につながり、経営者も従業員も株主も満足させることを、特に経営者が認識して、全社・全従業員に徹底することである。

二 品質保証とは

品質保証を、簡単にいえば

消費者が安心して、満足して買うことができ、
それを使用して安心感、満足感をもち、しかも長く使用することができるという品質を保証すること

である。安心して買うことができるということは、これを別の面よりみれば、その商品なり企業に対して、消費者が信頼感をもっているということである。このためには、生産者に過去、

長い期間にわたって、十分に品質保証された信用のおける製品を出荷してきたという実績がなければならない。一朝一夕にできるものでなく、企業の長いあいだの品質保証の努力の結晶として初めて得られるものなのである。「信用を得るには十年かかるが、信用は一日で失われる。」この点は関係者全員が深く認識していなければならない。

つぎに、使用して満足感をもつということは、もちろん不良品や欠陥品があってはならないが、これだけでは十分でなく、前向きの品質、消費者の期待した性能（真の品質特性、これは一種の契約ともいえる）を確実に発揮することが必要である。ここには広告のあり方も含まれる。誇大宣伝はまずいし、カタログ、使用説明書の内容からセールスマンの売り方、売るときのしゃべり方、言葉なども関係してくる。

長く使用できるということは、必要な耐久性をもち、故障しないということを前提に、万一故障した場合には、世界中どこでも、部品の補給が迅速に行われ、かつ十分技術をもったアフターサービスができるということである。部品補給でいえば、五年、十年で打ち切るという態度でなく、「製品が使われているかぎり部品の補給を行います」というくらいの方針がほしい。

以上でわかるように、消費者に対して本当に品質保証を行うためには、まず経営者が確固たる方針を打ち出し、調査・企画・設計から製造・販売・サービスの各部門まで、さらに材料・

部品の納入者から流通機構に至るまで、いわゆる全員参加、外注・流通関係者全員協力で、一丸となって品質保証にとりくまねば、目的を完遂できないということである。たとえば、トヨタ自動車工業株式会社では「オールトヨタで品質保証」という良い運動を行っている。

三　品質保証の原則

品質保証の責任は生産者にある。生産者には、消費者にその製品の品質を満足させるという責任がある。協力企業であれば、納入者に品質保証の責任がある。

これを企業内でみれば、品質保証の責任は、設計部門、生産部門にあるということである。検査部門にはない。誤解されやすいところだが、検査部門は、消費者の立場にたって品質をチェックするのであって、品質保証の責任があるわけではない。

四　品質保証の方法の進歩

日本における品質保証の考え方は、歴史的には、次のように進歩してきた。

① 検査重点主義の品質保証
② 工程管理重点主義の品質保証
③ 新製品開発重点主義の品質保証

検査重点主義の品質保証

品質保証は、歴史的には、検査をしっかり行うことからスタートしている。

先に述べたように、日本では、この考え方を早い時期に捨てたが、欧米では、相変らず検査〝品質保証と考えているところが多い。これは性悪説的な考え方が強いからである。生産部門はいつ悪いことをするかわからないから、厳しく監視しなければならない。そのため、検査部門を独立させ、その権限を強くしなければならない、等々。要するに、検査を強化することが品質保証につながると考えている。したがって、欧米では、工場従業員に対して検査員の数が多い。その比率は、日本では五％以下、企業によって一％くらいのところもあるが、欧米の企業では、これが十五％にも達するところがあるくらいである。

この検査重点主義の時代には、品質管理部、検査部だけが、QCを行っておればよかった。しかし、この考え方には、いろいろな問題点がある。

その第一は、検査員というのは、生産性をおとす余分な人間である、ということである。検査員が製品をつくっているわけではない。不良や欠点があるから検査が必要なのであって、不良や欠点がなくなれば検査員は不要である。

第二は、日本では、生産者に品質を保証する義務があると考えて、QCを推進してきた。一般消費者に対してはもちろんだが、これを外注・協力メーカーにも適用して考えている。外注部品や材料など、納入者(この場合は生産者)が品質保証を行うべきで、購入者(たとえば組立メーカー、使用者)は、納入者が信頼できないなど、危いと思ったときにのみ購入検査を行えばよい。納入者の品質が信頼できるときには、無検査購入でよい。いわゆる保証購入制度である。

この考え方を企業内にあてはめれば、生産者、すなわち製造部に品質保証の責任があり、検査部にはない。検査部は、消費者の立場にたって、あるいは経営者の立場にたって、品質をチェックすればよい、ということになる。

われわれは性善説にたって、製造部門をしっかり教育する。製造部門はそれをうけて、工程を自主管理し、自主検査を行って、次の工程へ品質保証する。

戦後、一貫して行ってきたわれわれの品質管理は、こういう考え方がベースになっている。

第三に、検査部門で検査して、その情報を製造部にフィードバックするとしても、これでは時間がかかりすぎる。しかも、そのデータは、ロット別も層別も不十分なことが多く、製造部で応急修正処置をとったり、再発防止するにも使いにくいか、使えない場合が多いのである。この点、たとえば、それをつくった作業者が、つくったところで自主検査するようにしておけば、フィードバックが早く、アクションが早くとれ、不良も激減するのである。

第四は、生産スピードが非常に速くなってくると、人間ではとても検査できないということである。この場合には、検査の自動化を考えなければならない。

第五に、統計的抜取検査では、AQL(acceptable quality level, 合格品質水準のこと、合格とすることのできる最悪の品質)一%とか、〇・五%とかいうが、高級品質をめざす企業、たとえば不良率〇・〇一%とか、ppm管理(不良率百万分の一)をねらう企業では、これではとても満足できない。

第六に、検査だけでは、品質を保証できない項目がたくさんある。複雑な組立品や材料など使ってみなければわからないものがあるし、破壊検査や性能検査、あるいは信頼性保証などで百万分の一の不良率を要求される場合など、検査だけで品質保証を行うことは不可能であり、また不経済である。

最後に、不良や欠点を検査で発見しても、調整工数や手直し工数、スクラップをふやすだけということである。生産数量が低下し、コストを上昇させるばかりでなく、調整や手直しをして出荷する製品は、出荷後、故障したり、こわれたりしやすく、とても品質保証どころではないのである。

しかしながら、不良がある間は、特に出荷検査の場合は、工程からの出荷検査でも、自主検査にしろ、あるいは検査部検査にしろ、原則として全数検査をしなければならない。特に開発途上国では、不良品があるのに、十分検査をせずに出荷している。これは品質管理以前といわざるをえない。

工程管理重点主義の品質保証

以上のように、検査に頼った品質保証は、いろいろ問題をかかえており、検査重点主義は有利でもないので、一九四九年、QCを始めて間もなく、日本ではこの考え方を捨てた。そこで生まれてきたのが、工程能力研究をしっかり行って、生産工程をよく管理して全製品を良品にしてしまおうという、工程管理に重点をおいたQAである。

QCの格言「品質は工程でつくり込め」は、こういう背景のなかでつくられたのである。

工程管理重点主義のQAになると、従来のような検査部門やQC部門だけでは、その目的を達成することはできない。検査部門はもちろん、外注、購買から生産技術、製造、営業の各部門が、それぞれの役割に応じてQCに参加しなければならないし、トップから作業員までQCを実施しなければならない。つまり、企業の多くの部門、多くの階層が参加しなければならないのである。

ところが、いくら工程管理を行っても、これだけでは品質保証できないということもわかってきた。消費者・使用者のいろいろな条件の下での使用方法の問題、消費者の誤用の問題、異常時などのQAの問題、広義の信頼性保証の問題等々、工程管理だけでは品質保証できない問題が出てきたのである。たとえば、開発・設計段階に起因する問題は、製造部門や検査部門ではカバーできないし、材料の選定を間違ったものなど、工程管理をいくらしっかり行ってもよくならない。

したがって、工程管理は、今後とも重点をおいて進めていかなければならないが、次の新製品開発段階からの品質保証が不可欠であることがわかってきたのである。

新製品開発重点主義の品質保証

以上のことから、日本では一九五〇年代後半から新製品開発にも重点をおいた品質保証が始められた。つまり、新製品企画、設計、試作、試験からはじめて、外注、購買、生産準備、量産設計、量産試作、本生産、販売、アフターサービス、初期流動管理の各ステップごとに、しっかりした評価を行って、品質を保証していこうということである。特に本生産に入るまえに、十分な品質解析を行い、いろいろな条件下での信頼性試験を行い、品質保証・信頼性保証を行っていくのである。

品質は「設計と工程でつくり込め」という格言が生まれてきた。

日本製品の多くが、世界一の品質という評価を得られるようになったのは、新製品開発中の品質保証をしっかり行い、うまくなってきたからである。

私は新製品開発のＱＡを重要視している。それは次の三つの理由からである。

① 新製品開発中にしっかり品質管理していなければ、十分な品質保証ができない。

② 新製品開発に失敗すると、その企業は倒産の瀬戸際に立たされることになる。新製品開発は、企業として最重要問題である。

③ 新製品開発のＱＡを行うと、調査・企画・設計・試作・購買・外注・生産技術・生産・検査・営業・アフターサービスなど、全部門が、品質管理、品質保証を実際に体験できる。ＱＣは、頭だけで理論だけを学んでもほとんど役に立たない。新製品開発の段階から、理

論と経験を結びつけて、中国でいわれる実事求是で行わなければ身につかない。

このような意味において、私は過去二十数年来、企業に全社的品質管理を持ち込むときに、その企業で最も問題になっている新製品開発をケース・スタディとしてとりあげることにしており、この方法は成功したと思っている。

このようなレベルになってくると、市場調査、企画からはじまって、販売・サービスにいたるまで、企業の全部門が参加した品質管理、品質保証が必要になってくる。いわゆる全社的品質管理、全員参加の品質管理が必要になってくるのである。

すなわち、新製品開発に重点をおいたQAを全部門がやらなければならないという必然性と社会的背景の違いから考え出した全社的品質管理、全員参加のQC、総合的品質管理とがうまくマッチして、大きな成果をあげたのである。新製品開発のQAについてここで詳しく述べることは不可能であるので文献を参照されたい。

今までの話で誤解があるといけないのでつけ加えておくが、検査をまったく否定しているわけではない、ということである。どんなに厳しく全数検査を行っても、検査ミスはつきもので、必ず不良品が出荷される。先にも述べたように検査に頼った進め方は不経済でもあることから、管理の重点を工程管理に移してきたということであり、現在のレベルで検査が不必要になったというわけではない。最近では、製品責任(製造物責任)問題に対する対策として、証拠データの必要性ということから、もう一度検査を見直そうという気運も起こっている。

基本的には、工程から不良品が出ている間は、しかもそれが検査できる場合には、出荷検査は原則として全数検査を行わなければならない。ただ、全数検査を行ったからといって、それがただちに品質保証したことにはならないのである。

同様にいくら新製品開発のQAがうまくなっても、工程管理は常にしっかり行わなくてはならない。

五　悪いものが出荷された場合の対策——苦情処理

悪いもの、不良品の出方にはいろいろある。ここでは消費者の手元において悪いものがでたという場合、すなわち消費者に不満・苦情があったときに、品質保証という立場から、どう対策をとっていくかについて述べてみよう。

さて、そのまえに、苦情があるにもかかわらず、その苦情を聞かなければならない人のところに、苦情がなかなか到達しないという問題がある。

その第一は、消費者が苦情をいわないことである。乗用車とか高価なものの場合はそうでもないのだが、値段の安いものの場合、ほとんど苦情をいわず、いわゆる潜在苦情化している。もちろん、その商品は二度と買わず、他社製品を買ってしまう。

われわれの立場は、消費者が不満に思っている点を改善していけば、消費者はどんどん買ってくれるようになる。その意味で、苦情情報はきわめて大切で、図にあるように、潜在苦情は積極的に顕在化していかなければならない。また、消費者に対しては「泣き寝入りは悪徳」でどんどん苦情をいうべし、ということである。このキャッチフレーズはわれわれが二十五年以上前につくったものである。よく、メーカーは消費者の敵であると政治的に考えている人がいるが、われわれはQCを始めてから、メーカーと消費者と協力して日本の製品を良くしていこうと考えた。メーカーも一所懸命にQCをやるが、人間である以上ミスがある。消費者に苦情・不満があるときは、一般に日本のお客様はおとなしいので、遠慮なくそれをいってもらって、皆で協力して日本製品をよくしていこうということである。

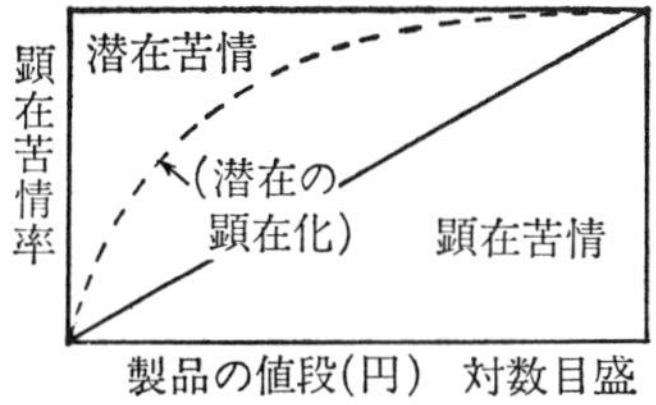

顕在苦情と潜在苦情

第二は、消費者・使用者が苦情をいっているにもかかわらず、その情報がどこかで消えてしまって、その製品を生産した企業に戻ってこないことである。販売部門が社内にある場合でも苦情情報がそれを聞かなければならない品質保証部、製造部、設計部などに確実にフィードバックされてこないで消えてしまうのである。

センスの古い営業部門や経営者など「くさいものにはフタをする」ということで、苦情を隠してしまうことが多い。消費者としては顕在苦情であるが、社内では潜在苦情になっている例が多い。一般に、QCをしっかり行っていない企業では、顕在苦情の十倍以上の潜在苦情があると考えられる。顕在苦情は氷山の一角にすぎない。

潜在苦情を顕在苦情に変えていく、苦情をむしろ積極的に集めて、表に出していくこと、これがQCの第一歩である。QCをやっていなかった企業が、QCをやり始めたら苦情が一挙にふえる。これは至極当り前のことである。意識的にか無意識的にか、隠れていたものが、表面に現れてくるようになったにすぎないのである。QCを始めたら、苦情がどんどん増加し、それが明確になってこなければならない。この増加した苦情に対して、以下に述べるような対策をとって初めて品質がよくなり、苦情が本当に減少してくるのである。

スピードと良心——迅速に良品と交換する

対策の第一としては、消費者・使用者に不満足を与えたのであるから、良心的態度をもって迅速にこれを解決し、消費者に不満を解消していただくことである。

すぐに良品と交換しなければならない。しかし、これで終ったと考えてはならない。後に述べるように、今後、同じような苦情が再発しないように、不良品が消費者の手元に再び渡ることのないように、再発防止対策を打たなければならない。そのためには、苦情のついた現品を必ず回収し、問題の起こった状況をよく調査して、苦情の実体をよく知らなければならない。

さらに、至急行わなければならないことは、現在市場に出回っている製品に同じような不良品がないかどうか調査することである。不良品が出荷されているようであれば、特に安全・生命に関係のある欠点のときには、場合によっては、すべて回収(リコール)して、良品と交換するのが生産者としての品質保証の責任である。

無償修理期間の設定

出荷あるいは販売後、何カ月あるいは何時間以内に故障が起こったときは、無償で修理するということを明確にしておく。しかし、この期間は長ければよいというものではない。QCをよく知らない人は、よく延長せよというが、この期間を長くすることが、かえって不公平、不平等を生むことがある。たとえば、一般の御婦人は、ミシンを一生に数十時間しか用いない。だから故障しない。しかし、これが内職をしている奥さんであれば、何千時間と使うから、当然のことながら、部品が摩耗したり、故障を起こしたりする。それに対してメーカーは無料で修理する。ということは、メーカーが修理費を負担するのだが、メーカーとしては、こういう場合、あらかじめ売値にこれを含めてしまうのである。これでは、内職をする奥さんはよいとして、一般の御婦人は損をすることになってしまう。

私は、修理費の選択権を消費者に与えるべきであると思っている。たとえば、アフターサービスはすべて有料です。売値は十万円です、というミシン。三年間は無料でサービスします。売値は十二万円です。さらに、永久に無料サービスします。しかし売値は十五万円です。というように、アフターサービスも消費者と生産者の契約と考えるべきである、と私は考えている。自家用車とタクシーが、同じ無償修理期間とすれば、この不合理はすぐにわかるはずである。

契約によって賠償金を支払う

契約時に、必要があれば、賠償条項を明確にしておく必要がある。

サービス・ステーションの設置

耐久消費財のように、五年、十年と使用するものについては、その性能が低下したり、故障した場合、予防保全的に定期点検を行ったり、交換部品を補給する責任は生産者にある。したがって、日本では、生産者が世界中にその系列のサービス・ステーション網をつくり、またしっかりしたサービス技術をもったサービス・マンを配置している。ところが、米国の自動車企業は、これを各社の車のサービスを行う専門の修理業にまかせている場合が多く、これらのサービスが十分でない。

使用説明書・定期点検整備説明書の整備

不良になったり、故障したりする原因の一つに、誤用、使用方法の悪さ、定期点検の不十分といったことがある。したがって、製品、特に耐久消費財の場合には、この使用説明書、定期点検整備説明書を製品に添付する。これは生産者の責任である。もちろん、その内容は素人でも理解でき、実施できるよう工夫しておかねばならない。最近は大分よくなったが、素人の御婦人には理解できないような使用説明書がある。私は、これら説明書は、小学五年生程度の子供が読んでわかるようなものにすべきであると、二十年来主張している。日本の御婦人の科学技術的知識レベルは、小学五年生並みといったら叱られるかもしれないが。

交換部品の長期補給

耐久消費財の場合、五年、十年、なかには三十年以上も使用されることがある。消費者がその製品を使用しているかぎり、生産者は、交換部品、補給部品を補給しなければならない。一部電機製品など、政府が交換部品を長期間準備することを義務づけているが、生産者としてはこの期間よりも長くこれを準備し、消費者の信頼を得るようこころがけることが必要である。

六　再発防止対策

管理をしっかり行うためにも、品質保証向上のためにも、もっとも重要な対策は再発防止である。デミングの品質サークルを確実に回していくことによって、品質はどんどん向上していくのである。一般社会やマスコミなどで、過ちは再びくり返しませんとか、QCなどでも再発防止を行いました、などということが多い。しかし、これらのほとんどは応急対策でしかないのである。再発防止と口でいうのは簡単だが、よほどしっかり調査をし、アクションをとらないと再発防止、歯止めにはならないのである。

従来再発防止対策といわれているものに次の三つがある。

㋑ 現象を除去する （×）

㋺ 原因を除去する （○）

㋩ 根本原因を除去する （◎）

このうち㋺㋩が再発防止対策であり、㋩までいかなければ本当の再発防止にならない。㋑は応急対策にすぎないのである。

私の経験した実例で説明しよう。図のように、ある装置を、機械に四本のボルトで取りつけてあった。ところが、ボルト1が折れるという苦情があった。そこで、ボルト1を一本、太いものに取り換えた。次にはボルト2が折れたというので、今度は四本とも太いボルトに取り換えた。これでよいかなと思っていると、台にしている鉄板が割れたという苦情がきた。それで鉄板を厚くした。この会社では、これで再発防止ができました、と言っていた。

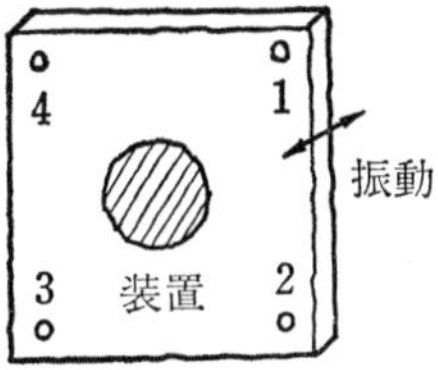

これは、折れた、割れたという㋑の現象を除去しているにすぎず、応急対策を行ったにすぎない。再発防止になっていないのである。

そこで、もう少し細かく調べてみると、この装置に振動が伝わってきており、この振動により、折れたり、割れたりしていることがわかった。振動という原因を除去せずに、ボルトを太くしたり、鉄板を厚くしていると、今度は、振動が装置そのものにかかり、装置がこわれてしまうに違いない。このケースの場合、振動という原因を除去することによって、初めて㋺の再発防止対策となるのである。応急対策というのは吹出物ができたときに、塗布薬をぬって応急処置をとるのと同じである。原因を除去していないから、吹出物が、つぎつぎと別の場所に出てきてなかなか直らない。吹出物の原因である体質を改善しなければ、根治することにはならないのに似ている。

ところが、振動を除去するという対策をとっても、㋩の根本的再発防止対策にはなっていないのである。振動によって折れるということを、なぜ新製品開発中のテストで発見できなかったか、ということである。㋺までの、振動を除いたという対策では、つぎの新製品開発のときに、同様の事故を起こすことになるだろう。この機械を開発するにはいろいろのテストを行っているはずだが、開発中、テスト中に、なぜこのような事故を予見できなかったのか、ということである。テストが不十分だったのだ。

テスト方法を再検討して、ボルトが折れたり、振動のあることを確認できるような試験方法を開発しなければならない。この㈧の根本原因の除去、この場合には、製品開発中のテスト方法の開発・改訂までいって、すなわち基本的なやり方をかえて、初めて完全に再発防止を行ったということができる。

根本原因の除去とは、もう少し一般的に述べると、企業経営のやり方や重要な標準類の改善ということになる。

品質問題一つとってみても、単にそれをつくる作業者だけを云々してもよくならない。設計から販売・アフターサービスまで、経営者から作業者、セールスマンまでの質の向上、企業全体の質の向上をはからなければ、本当によいものを継続的につくっていくことはできない。こういうことから、現在の全社的品質管理活動へ発展してきたのである。

工程管理の場合もまったく同様である。たとえば、工程管理しているときに異常値（アウト・オブ・コントロール）がでた。原因を調べたところ、間違った材料を使用してしまったことがわかったので、正しい材料にとりかえ、再発防止したといっている。これは㈠の応急対策であって、再発防止対策ではない。なぜ間違った材料を使用してしまったかという要因を調べ、これに手を打たなければ、また間違った材料を使ってしまう。伝票をわかりやすくするとか置場所をかえるとか、二度と再び間違いを起こさないようにしなければならない。

さらに水平思考して、他の材料の管理の仕方は大丈夫かどうかを検討して、以後どの材料も間違えずに使えるようにすることが、㈧の根本原因の除去、根本的再発防止対策である。応急処置は再発防止対策ではない。一応事故はおさまるので、再発を防止したと錯覚してしまうのである。要因をさがすのが面倒であったり、ちょっと解析してわからないと、応急対策だけで放置してしまいがちなのが人間である。

「ノド元すぎれば熱さを忘れる」というが、再発防止はなかなかむずかしいことである。この再発防止の考え方は、管理する場合にも、品質を保証する場合にも、非常に重要なことである。単に品質管理のみではなく、あらゆる社会現象に適用できる考え方である。個人生活においても、あるいは政治のような問題においても、この再発防止を確実に行って管理していくことが、時間はかかるけれど、地道に仕事を改善、向上し、技術が次第に向上していくことになるのである。

第五章　全社的品質管理

ＱＣは全従業員、全部門の仕事である
ＴＱＣは団体競技、個人ではできない。
　チームワークでやるべきもの
ＴＱＣは社長から作業員・セールスマンまで全員協力すれば
　必ず成功する
ＴＱＣではよく部課長が問題になる
ＱＣサークル活動はＴＱＣの一部分である
目的と手段を間違えるな
ＴＱＣは特効薬ではない。漢方薬のようなものである

一　全社的品質管理とは

企業によって、個人によって、いろいろな違いはあるが、全社的品質管理を広義に解釈すれば、ほとんど経営管理そのものといえる。

TQC(Total Quality Control)という言葉を最初に使ったのは米国のファイゲンバウム博士(当時、ゼネラル・エレクトリック社品質管理部長)である。米国品質管理協会誌(*Industrial Quality Control*)の一九五七年五月号に論文を発表した。彼はその後、*Total Quality Control*(邦訳『総合的品質管理』)を出版している(一九六一年)。

ファイゲンバウムは、「TQCとは、消費者を完全に満足させるということを考慮して、もっとも経済的な水準で生産し、サービスできるように、組織内の各グループが、品質の開発・維持・改良の努力を総合するための効果的なシステムである」といっている。そのため、マーケティング・設計・生産・検査・出荷までの全部門がQCを実施する必要があるが、それにはQC技術者が中心になって活躍しなければならないと主張している。欧米のプロフェッショナリズムからいっても、QC屋が中心になって行うTQCである。

一方、日本では、今まで述べてきたように、一九四九年以来、ＱＣ屋の行うＱＣということではなく、各階層、各部門の人が、それぞれＱＣを勉強し、実施する方向で進めてきた。技術者向けのＱＣベーシックコース、一九五〇年のデミング博士によるトップ・部課長向けコース、日本短波放送による職組長向けコース（一九五六年）、一九六二年のＱＣサークル活動の提唱、等々、こういう考え方に基づいて行われてきたのである。われわれはこれらの活動を総合的品質管理、全社的品質管理、全員参加の品質管理などと呼び、これらをまとめてＴＱＣといっていた。ところが、海外でＴＱＣといえば、ファイゲンバウムのＴＱＣという固有名詞になっており、日本のＴＱＣもその真似をしていると思われてしまうので、私は海外では、初めは日本式ＴＱＣという言葉を使っていたが、これではややこしいということで、一九六八年のＱＣシンポジウムにおいて、Company-Wide Quality Control(CWQC)と呼ぶことにしたのである。最近は、海外でもＣＷＱＣという名前が普及し始めたようである。したがって、国内においてはＴＱＣという名前を用いても一向にさしつかえないが、外人にいうときは、ＣＷＱＣあるいは日本式ＴＱＣといった方が誤解が少ない。

ＣＷＱＣをそのまま直訳すれば全社的品質管理ということになる。ただ、その具体的内容ということになればいろいろな考え方がある。ここでは、私なりの意味の説明をしておこう。

全部門参加の品質管理——企業の全部門の人がQCを勉強し、参画し、実施するということである。欧米との違いのところで述べたように、ファイゲンバウム式にQC技術者を各部門に置いても、タテの結びつきの強い日本ではスタッフのいうことをなかなか受け入れないので、各部門の人を教育して、各部門の人が自分でQCを実施し、推進するように進めてきた。教育のコースもこのため、営業部門のためのとか、購買部門のためのとか、それぞれにQCコースが整備されている。「QCは教育に始まって教育に終る」からである。

全員参加の品質管理——企業の社長、重役、部課長、スタッフ、職組長、作業員、セールスマンなど全員が参加して、各人がQCを実施していくことである。さらに外注、流通機構、系列会社も全員参加というように意味が広がっている。これなども欧米との違いを考えて、日本で開発した方式である。中国などでも、毛沢東時代から、専門家管理（テイラー方式）ではだめで、大衆・専門家・指導者の三結合でやるといっているのも、われわれの考え方とよく似ている。この考え方は、東洋的民主主義の思想かも知れない。

総合的品質管理——われわれは品質の管理を中心に進めて行くが、同時に原価管理（利益管理、価格管理）、量管理（生産量、販売量、在庫量）、納期管理を推進していこうという態度で進めてきた。これは、消費者の欲するもの、消費者を満足させるものを開発し、生産し、販売するというＱＣの基本的考え方に基づいている。ＱＣを進めようとしても、原価がつかまれていなければ、よい品質企画、品質設計もできない。また原価管理がしっかりしておれば、どこのトラブルを解決すればいくら利益がでるかわかりやすいし、ＱＣの効果も把握しやすい。また、正確な数量がつかめなければ、正しい不良率、手直し率も求められず、ＱＣも進められない。この逆もいえることで、ＱＣが進んでおらず、標準化もできておらず、標準歩留り、標準稼働率、標準工数などがきまってこなければ、標準原価が求められず、原価管理ができない。同様に、不良率が大きくばらついていたり、不合格ロットがでるようでは、生産量管理も納期管理もできない。すなわち、経営というものは、ＱＣ、原価(利益)管理、量(納期)管理を各独立に、一つずつ行うことは不可能で、総合的に行わなければならないのである。われわれは品質管理を中心にしてこれを行おうとしているので、総合的品質管理とも言っているのである。各ライン部門(設計・購買・製造・営業部門)も、ＱＣサークル活動でも、これらすべてのことを行っていることからも明らかであろう。

さて、もう一つＱＣ、ＴＱＣ、ＣＷＱＣに対する見方、考え方がある。欧米ではＱＣの定義には、昔から製品およびサービスの質を管理するといっており、デパート、航空会社、銀行などでＱＣを行っている。

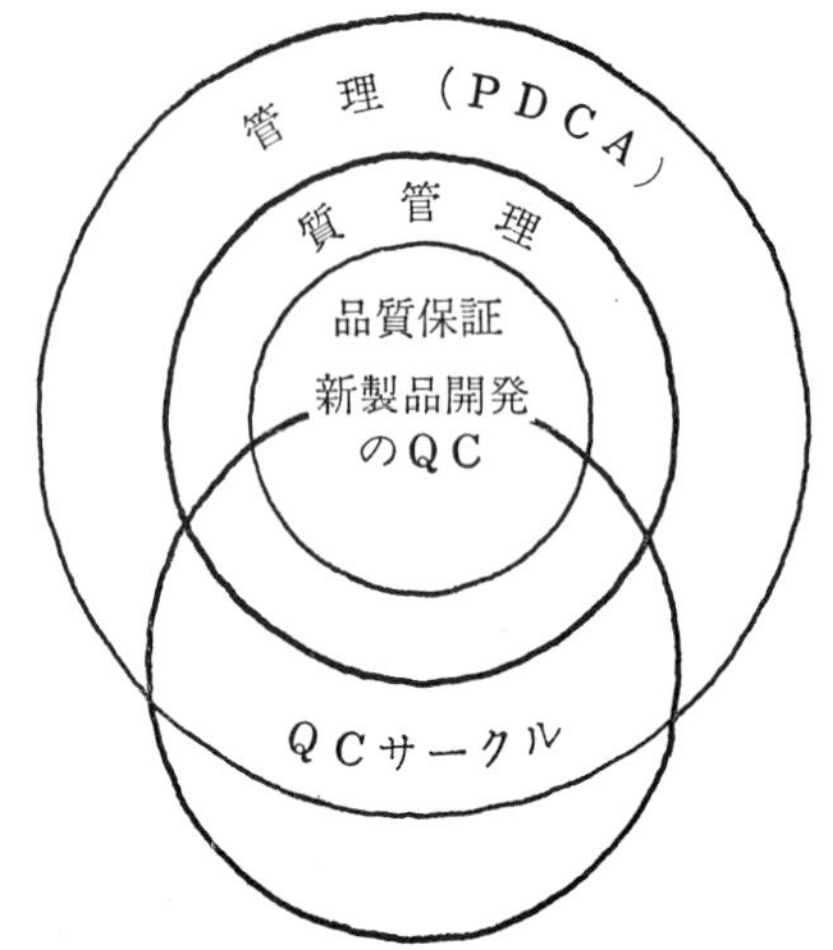

全社的品質管理とは

日本ではQCを「品質管理」と翻訳したが、本来は文字通り「質管理」というべきであったかも知れない。しかしわれわれは過去三十年間、製品の品質に重点をおいて、良い、安い製品を生産し、輸出して、日本人の生活レベルを向上させる努力をし、成功してきたので、そういう意味では品質管理といってきてよかったと思っている。

しかし、事務関係の人や流通機構、サービス業、金融業などがQCを熱心にやるようになってくると、それらの方々には品質管理という名前は、特に品質という言葉には、誤解や抵抗を感ずる人がいるので、質管理といった方がよいかも知れない。

これらのことをわかりやすく説明するために、私は図をよく用いている。TQCの真髄はなんといっても中心の輪である狭義の品質保証であり、新製品のQCをうまく行うことである。製品をつくっていない広義のサービス業では、サービスの品質保証であり新しいサービス、たとえば新しい預金、新しい保険、新しいサービスを品質保証して開発することである。

しかしQCがよくわかってくると、よい品質とは何か、良いサービスとは何かがよくわかってくると、広義の質、たとえばよい販売とは、よいセールスマンとは、よい事務とは、よい外注とは、などを管理しようという考え方、やり方、二段目の輪、質管理になってくる。

さらに広義になると、三段目の輪、すなわちすべての仕事の管理をうまく行う。PDCAを全社的に、部門別、機能別に、あるいは各個人的に、うまく回して、再発防止を行っていこうという考え方になる。

現実に日本のQCを、歴史的に見ると、製品の品質がよくなったという効果とともに、PDCAを回すという管理がうまく行われ、再発防止がうまく行われるようになった効果も大きいのである。

以上三段の輪のうち、どこまでをわが社のTQCと定義するかは、企業の体質に応じて社長が決定して、皆に宣言しなければならない。それをはっきりしておかないと、社内でそれはQC、TQCであるとかないとか、くだらない論議で時間を浪費することになる。日本でも、もっとも広義の輪をわが社のTQCといっている企業もあるし、品質保証など中心の輪にしぼって全社的品質管理といっている企業もある。TQCの定義を広げて、大きな輪の定義で進めてもよいが、真髄である、品質保証と新製品開発のQCを忘れてはならない。

なおQCサークル活動は、全社的品質管理活動の一環としての活動であり、その一部分である。したがってQCサークル活動だけやっていてもTQCとはいえない。QCサークル活動だけやっていて、トップ・部課長・スタッフのQCをやらなければ、QCサークル活動を活発に永続的に続けることは困難であろう。現在世界中で、日本の真似をして、QCサークル活動が始まっているが、全社的品質管理をやらず、トップ・部課長・スタッフがQCを実施しなければ、QCサークル活動が永続するかどうか心配である。

なお、以上述べたすべてのことを含めて、全社的品質管理(CWQC=TQC)という。

二　企業はなぜ全社的品質管理活動にとりくむか

以前、「デミング賞受賞企業における経営の理念」という報告を行ったことがある(『エンジニアース』一九八〇年四月号)。デミング賞については第十一章で述べるが、デミング賞実施賞受賞会社は、いわば日本の全社的品質管理活動の最先端をいく企業である。各企業のこれにとりくんだ目的を、参考までに、先の報告から要点だけをまとめておくことにしたい。

。不況に強い体質づくり／真の販売のリコープラス技術のリコーづくり（リコー、一九七五年受賞）
。従業員の幸福を願うための利益確保／客先の信頼を得るため、質・量・コストの確保（理研鍛造、一九七五年）
。①全員参加で、②造益に寄与しやすい問題から重点的に、③統計的な考え方および手法を活用して、常に顧客に満足していただける品質を製品に作り込む（東海化成工業、一九七五年）
。全社員の創造力を結集し、安定成長の企業体質の確立／世界最高品質を目標／最新の新製品の開発／品質保証体制の向上（ぺんてる、一九七六年）
。人間性を尊重した、全員参加のQCサークルにより、明るい職場をつくる／顧客・ユーザーの要求する品質をふまえ、国際的水準を凌ぐ品質・コストのオートマチック・トランスミッションを国内外に供給する／経営管理面の改善を行って、企業の繁栄をもたらし、地域社会に貢献する（アイシン・ワーナー、一九七七年）
。企業の体質を改善し、作品の品質を向上させ、業績を高めることを目的とする（竹中工務店、一九七九年）
。いかなる変化にも耐えうる企業体質の確立（積水化学工業、一九七九年）

○　QCDの確保――〝指針〟に示した〝製品目標〟を時宜に即して実現するため、全従業員の総力を結集して組織的に行うこと／管理の強化――品質管理的考え方と手法を全員が実践活用することによって、あらゆる業務における管理の質を改善すること／人材育成――従業員一人一人を大切にし、人材育成・活用とチームワーク作りをはかり、働きがいのある職場を作ること（九州日本電気、一九七九年）

紙数の関係で、ここではすべての受賞企業の例を挙げることはできなかったが、その他の企業も含めて、私なりにまとめてみると次の通りである。

①　企業の体質改善を目的にする――安定成長、減速経済の時代に入って、もう一度ゼロから企業体質の強化をはかろうということで、ほとんどの企業がこれを考えている。ただ、体質改善の中身を具体的に示しているところもあれば、表面上、明確でないところもある。よくいうことだが、抽象的にカケ声ばかりかけても、これでは従業員として何をしてよいのかわからない。企業体質のどこが悪いのか、何を改善したいのか、目標ははっきりさせなければならない。

②　全社の総力結集、全員参加、協力体制の確立――第二章でも述べたように、日本では専門家管理はうまくいかない。全部門の全従業員が、総合的にとりくまなければならないと

いうことである。

③　消費者・客先の信用、品質保証体制の確立——品質保証はＱＣの真髄で当然のことながら、これを目標、理念としている企業が多い。新しいＱＣが旧式の経営とちがう点は、短期的な利益第一でいくのではなく、品質第一で、品質保証をしっかり行って、お客様の信用を博して、長期的な利益をねらおうということにある。

④　世界最高の品質をめざす、そのための新製品開発——これに関連して、創造力の開発、技術の向上・確立を挙げているところもある。資源の少ない日本が、国際競争裡を生き抜いていくためには、短期間に、信頼性の高い、世界一の品質の新製品を開発していかなければならないのである。

⑤　利益の確保、安定成長や変化に耐える経営の確立——石油ショック以降、日本の多くの企業は、省力化、省エネ化、あるいは借金経営からの脱皮と、減量経営につとめてきた。私はよく、形式的なＱＣでなくＭＭＫの（儲かって儲かって困る）品質管理をやれというが、ＱＣをしっかり行っていけば、結果として、利益がどんどん増加してくるのである。

⑥　人間性尊重・人材育成・従業員の幸福・明るい職場・若い世代への引き継ぎ——企業は人なりという。末端においては人間性尊重に基づいたＱＣサークル活動の活発化であるが、

部課長・スタッフには、思い切って権限を委譲して、経営者的センスで存分に仕事をしてもらうことである。QCサークル活動は比較的うまくいっているが、それ以外のことはどうだろうか。

⑦ QC手法の活用――全社的品質管理という名前に引っ張られて、統計的方法の活用が不十分な企業を見受けるが、統計的方法はQCの基礎である。やさしいQCの七つ道具から高度な手法まで、しかるべき部門、人によって使いこなしていかなければならない。

以上挙げた七項目が、デミング賞に挑戦した企業が全社的品質管理にとりくんだ目的であり結果でもある。もちろん、結果として一〇〇%この目的が達成されたかどうか、必ずしもそこまでは言えないが、少なくとも、デミング賞実施賞の合格点は七〇点であるから、この目的の七〇%は実現できているといえるであろう。

三 企業を経営するとは

企業経営の目的

私は企業経営を次のように考えている(表参照)。

①　人

経営で最初に考えなければならないのは、企業に関係する人間の幸福である。企業に関係する人間が幸福になれないような、幸福と思えないような企業は存在する価値がないということである。

経営の目的と手段

手段＼目的	人		
	品　質	利益・原価 価格	量・納期
物理学			
化学			
電気学			
機械学			
土木学			
建築学			
冶金学			
数学			
統計的方法			
コンピュータ			
自動制御			
生産技術			
I E			
時間研究			
動作研究			
市場調査			
O R			
VE・VA			
標準化			
検査			
教育			
資材管理			
設備管理			
計測管理			
治工具管理			
⋮			

まず、従業員が適切な収入を得て、人間性が尊重されて、楽しく働くことができ、幸福な生活が送れるということである。この従業員の中には、その企業に関連する外注企業、販売・サービス企業の人たちも当然含まれる。

第二は消費者である。製品やサービスを買った消費者が、それを使用して、満足し、幸福を感じなければならない。せっかく努力して購入したテレビがすぐにこわれてしまったり、買った電熱器が原因で火災になったり、怪我をするようなことがあってはならないのである。また、購入するときに、店員の応対が不愉快なものであったり、十分な商品説明が受けられなかったりしても、消費者として満足することはできない。

第三は、日本は資本主義社会であるので、株主に対しても、企業が適切な利益を出してその中から配当を行い、よろこんでもらわなければならないのである。

以上、三項目に分けて述べたが、企業は、人間社会にあるのであるから、社会および企業に関係する人たちを幸福にするために存在するのである。これが企業の存在価値であり、第一次目的であるとすれば、次に、何を通じて、この目的を達成するかということになる。

それは、品質、価格・原価・利益、量・納期を通じてということになり、これがいわば第二次目的である、と私は考えている。この三つの管理は企業目的であり、私は目的的管理といっている。

②　品　質

品質については、今までくり返し述べてきた。不良や欠点があれば、消費者に迷惑をかけるのみでなく、第一、買ってもらえない。買ってもらえないような製品をたくさんつくるのは資材やエネルギーの無駄遣いで、社会の損失である。消費者の要求する品質の製品を供給しなければならないのである。消費者の要求は社会の進歩につれ、年々高くなっていくのが普通で、去年よかったものでも、来年はよいといえないのが現状である。狭義のＱＣでは、セールスポイントのあるよい品質の製品を供給して行く管理をしっかり行っていくのである。

③　価格・原価・利益

すべてお金に関係する問題である。いくら価格がやすくても、品質が悪ければ買ってもらえない。同様に、品質がどんなによくても、値段が高すぎれば、やはり買ってもらえない。消費者にとって、適正な品質のものを、適正な価格でということになる。

資本主義社会では、利益を得ることが企業の目的であるといわれるが、これは間違っていると私は考えている。利益を罪悪のようにいう人もあるが、これも誤解である。利益が出せなければ、新製品・新技術の開発もできないし、設備近代化の投資もできない。給料を上げることすらできず、優秀な人材も集まらない。いずれは倒産ということになってしまい、結果として社会に大変な迷惑を及ぼすことになってしまうのである。

利益は、企業を永遠に続けていくための手段とでもいうべきものである。利益を得られないような企業は、税金すら払えず、社会的責任も果せないのである。

利益をあげていくためにはしっかりした原価管理を行わなければならない。まず、原価企画をしっかり立て、新製品開発の各段階ごとに原価のPDCAを確実に回していくことになる。

一般に、QCをしっかり行っていけば、不良がへり、ムダな材料や時間が減少し、それが生産性の向上につながり、結果としてコストダウンができるものである。こうしたことを行って初めて適正な価格で消費者に供給することができるのである。なお製品の価格というのは基本的には原価によって決まるのではなく、真の品質の価値によって決まるものである。

④　量・納期

製品を、消費者の要求に応じた量だけ、生産し、販売し、それを要求された納期におさめなければならない。

量管理には一般に、購入量管理、生産量管理、在庫量管理(仕掛量管理を含む)、販売量管理、納期管理などがある。在庫が多すぎるということは、それだけ多くの資源や資金が活用されていないということで、無駄遣いであるばかりでなく、これが製造原価を押し上げる原因になっている。もちろん、これが少なすぎても、消費者の要求に応じきれないということで、迷惑を及ぼす。有名なトヨタかんばん方式は、こういうことを考えて、QCをしっかり実施し、各種量管理をしっかり行って、初めて完成した方式である。これらの管理が不十分なところに、かんばん方式を導入すれば、工場はたちまち停止してしまうにちがいない。

以上述べた目的、つまり人、品質、原価、量の四つの管理がうまく行われておれば、企業経営は順調に進むはずである。

経営目的を達成するための方法、手段

上記、経営目的を達成するために多くの方法、手段がある。先にあげた表でいえば、タテの欄に並べてある項目が手段になる。

たとえば、物理も化学も数学も機械工学も、すべてこのための手段である。私は大学の入学式のときによくこういう。「諸君は大学で、物理、化学、数学、電気工学、機械工学など、いろいろのことを学ぶ。しかし、工学部の学生であるからといって、これらを学ぶこと自体が、諸君が大学に入学した目的ではない。勉強したことを手段として活用して、社会や国、あるい

は世界に貢献するために大学に入学し、勉強するのである。この目的と手段の関係を間違えないようにしなければならない」と。

学生ばかりではない。先生方にも、こういう錯覚は多いのである。統計的方法やコンピュータを研究することはよいとして、単にそれのみが目的になっている。品質管理も戦後、導入した頃にはそういう傾向があった。統計的方法のための品質管理、標準化のための品質管理等々、目的と手段を間違えるといろいろ弊害を生むことになる。こういうことへの反省が、現在の日本の品質管理を育ててきたのである。

さて、この手段について、よく固有技術、管理技術という言葉で使い分けが行われる(私はあまり賛成ではないのだが)。先の表でいうと、機械、電気、建築、土木、冶金、物理、数学などが固有技術で、統計的方法以下のものが管理技術といわれるが、私はこれも固有技術と考えている。

われわれは、前記四つの目的を達成するために表の手段、いわゆるすべての固有技術を活用して、よい品質のものを安く生産して社会に貢献しようというのである。

私は、図に示すように、科学者は別として技術者は、aの井戸型でなく、bのようなすり鉢型のような技術を身につけよといっている。最近のように製品が複雑化し、技術が高度化してくると、井戸型技術ではもろいし、井戸はつまってしまい、新製品開発、本当の技術開発はできない。すり鉢型のように、深く掘れば掘るほど、幅広い技術を身につけていなければならない。たとえば機械技術者の場合も、浅くてもよいから電気、電子、冶金、化学、統計的方法、コンピュータなど、いろいろの知識を身につけておかなければならない。井戸型ではイの仕事からロの仕事へ移るのは大変なことである。しかしすり鉢型の技術を身につけていれば、イの仕事からロの仕事へ容易に移ることができる。言い換えればイの新製品開発に成功すれば、容易にロの新製品開発もできることになる。

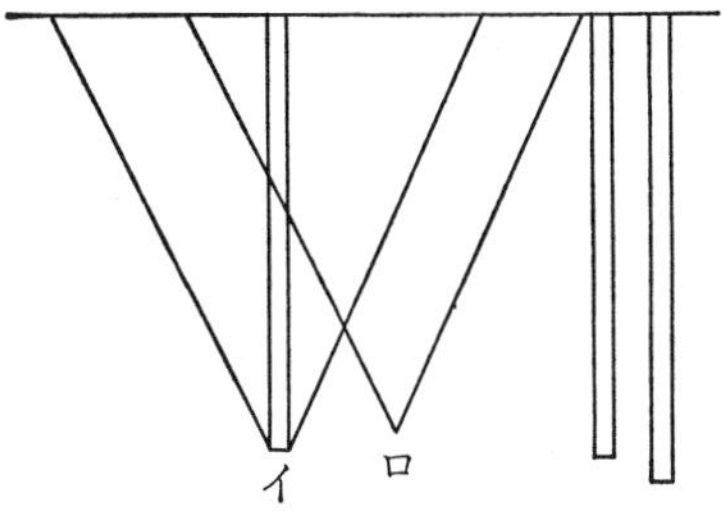

a　井戸型
b　すり鉢型

別の例で述べると、よいエンジンの技術者とは何かというと、機械工学はもちろんのこと、材料である冶金や鋳物、エンジンの原理、機械加工技術、燃料や潤滑油、パッキング、イグニッション、エレクトロニクス、統計的方法、コンピュータ、標準化等々、多くの技術を活用できなければならない。

同様に、われわれはよい品質をつくるために、すべての手段・固有技術を活用していこうというのである。

よく「品質管理とIEとORの関係はどうなのですか」とい

う質問があるが、答は簡単で、「よい品質のものをつくるために、われわれは手段としてのIEもORもどんどん活用します」ということになる。俗にいうQC手法(統計的方法)はもちろん手段であるが、QCは一つの企業目的である。「目的と手段を間違えるな。」

第六章　日本的品質管理は経営の一つの思想革命

ＴＱＣを全社的に実行すれば企業の体質改善ができる
ＱＣは企業の一大目的、新しい経営哲学
品質第一で長期的利益をねらえ
セクショナリズムをぶち破れ
ＴＱＣは事実による管理
人間性尊重の経営
ＱＣは理論と実践の学問である

一　経営の思想革命

第一章にも述べたように、私がＱＣを始めた理由の一つは「大学卒業後八年間の社会生活で、日本の企業、社会はどうしてこんなおかしなことをやっているのだろうと思っていた。品質管理を勉強してみると、ＱＣを正しく適用することによって、日本の企業、社会のこれらのおかしな点をなおしていくことができると思った。言い換えると、企業の体質改善、経営の思想革命ができるのではないかと思った。」ということである。企業の体質改善ということを、経営の一つの思想革命というのは、いいすぎかも知れないが、そういう意気ごみでやってきた。そして実際にＱＣによってガラリと変った企業は二、三に止まらないのである。その内容は次の六項目にまとめることができる。

① 品質第一――短期的利益第一ではだめ
② 消費者指向――生産者指向ではだめ。相手の立場を考えよ
③ 次工程はお客様――セクショナリズムを打ち破れ
④ データ・事実でものをいおう――統計的方法の活用

⑤　人間性尊重の経営——全員参加の経営

⑥　機能別管理

二　品質第一

品質第一でいくと長期的に利益が増大するが、短期的に利益第一でいくと、長期的に国際競争に負け、利益を失うということである。

経営を品質第一で進めていけば、消費者の信頼は次第に上昇し、製品の売行きは次第に増加し、長期的には大きな利益をえ、安定した経営を行うことができるということである。利益第一でいくと、短期的には利益が出ても、長期的には競争に負けてしまうことが多い。

このことは、口でいうことは簡単であるが、実際問題になるとすぐ利益第一に進みやすいものである。方針としては品質第一といっていながら、現場へいってみるとコストダウンのことばかり検討している。あるいは、いまだに品質をよくすると、コストアップになり利益が減ると思っている人がいる。もちろん、設計の品質をよくすれば、一般にはコストは上昇する。設計の品質は、消費者のニーズと国際情勢を考えて決定しなければならない。

しかし、実際の品質をよくすれば不良・欠点が減少し、直行率が増加し、スクラップ、手直し、調整、検査コストが激減し、大きなコストダウンとなり、生産性が向上するのである。このようにしなければ工程の自動化も不可能であるし、無人工場もできない。また設計の品質がよければ、売上高が急増し、結果的にはコストダウンとなり、利益は増大するものである。

これは最近の、日米の自動車、カラーテレビ、IC、鉄鋼などの競争の結果でも明らかである。最近になって、米国の一部の識者もやっとこの点を認識し始めている。米国にはまだ旧式な資本主義が残っており、オーナー、会長、あるいは取締役会が社長をスカウトしてくる。スカウトされた社長は、早く利益をあげないと自分の首が危いので、長期的利益など考えておられず、短期的利益第一でゆき、日本との競争に負けてしまったのである。

たとえば自動車の場合も、米国では一九七〇年以前から日本車に対抗するためにコンパクトカーを生産していたが、一台売った場合の利益額が、大型車の方が小型車に比して、五〜十倍も多いので、小型車研究を熱心にやらなかった。その結果消費者は、省エネルギーで信頼性の高い日本車を値段が高くともどんどん購入しているのである。

鉄鋼業でも、あるいは自動車、IC産業でも、設備投資をして長期的利益をねらう余裕もなく、設備の近代化に遅れてしまったのである。また最近では、米国の証券取引所が三ヵ月ごとに決算書の発表をさせていることが、ますます経営者を近視眼的にしているのである。

また、企業経営にくたびれたので、この辺で会社を売って、余生をのんびり暮したいという経営者もあり、企業の社会的責任とか従業員のことを考えないような考え方では、企業に関係する人々を幸福にできず、長期的利益をうることは困難であろう。

一般的にいって、上級経営者・管理者ほど、さらにその上級者は長期的視野で評価しなければならない。たとえば社長とか事業部長・工場長などは、長期的に三〜五年間くらいの成績で評価するようにしないと、短期的利益にはしり、品質を忘れ、設備投資を行わず、長期的利益を失うことになるものである。

三　消費者指向——生産者指向はだめ。相手の立場を考えよ

消費者が欲する、喜んで買ってくれる製品をつくっていくという立場は、一九四九年に品質管理を始めて以来、ずっと明確に示されていることである。そしてこれをQCでは実行しようとしているのであり、何も新鮮味はない。しかし実際問題になると、人間の業というか、うぬぼれというか、なかなかこの思想革命はできないものである。そして、消費者指向とは逆に、

生産者指向的な行動をとっている。まして売手市場であったり、貿易の自由化のない閉鎖市場、独占市場では、生産者が生産したもの、あるいはよいと思っているものを、消費者の立場にたたずに生産・販売している。

(例一) 自分にはうまいが消費者にはうまくない

ⓐ 六十歳を過ぎた専務取締役が、お菓子を自分の気にいった味にさせている。その菓子の消費者は十五〜二十歳の子供達である。六十歳過ぎた人に、子供達のことがわかるか。

ⓑ 現場では、マーガリンの味を一所懸命研究し、うまいというものを生産・販売したが売行きが悪い。官能検査を用いた実験計画を行って調査したところ、消費者は美味ではないといっている。

いずれも、自分によければ相手にもよいと思っている一人よがりである。

(例二) 消費者がこんな使い方をするとは思わなかった

消費者の使い方を知らない設計者の無知による暴言である。

(例三) 使用者の使用条件を知らないために、捲線にクレーム続出。相手の使い方を知らないでよく品質保証できるね

捲線製造工場において、社内規格に基づいて電線を生産、販売していたが、クレームが続出

した。調査してみたところ、捲線設備、スピード、後処理温度、絶縁油などが変わっていることがわかって、社内製品規格を改訂した。

消費者指向の考え方をさらに進めてゆくと、常に相手の立場にたってものを考えよということになる。相手の意見をよく聞き、立場を考えて行動せよということになる。たとえば現在、米国の自動車産業は、販売不振のため多くの失業者が出て困っている。この責任の大部分は、米国自動車産業の経営責任などにあり、日本にはまったく責任がない。しかし、現実に米国が困っているのであれば、たとえ米国に責任があっても、相手の立場にたって、日本の自動車工業も、独禁法などに触れない範囲で問題解決に手を貸すことを考えるべきであろう。

四　次工程はお客様——セクショナリズムを打ち破れ

次工程はお客様という言葉は、前節の消費者指向のなかに入れてもよいのであるが、セクショナリズムの強い企業にとっては、非常に重要な考え方なので、あえて別項とした。

この言葉を、私が初めて用いたのは、一九五〇年八月から九月にかけて、ある製鉄所へいったときのことである。

（例一）鋼材のキズ欠点を減少させようというときに

石川「次工程の人と前工程の人を呼んできて検討しよう」

部長「先生、敵を呼んでくるんですか？」

石川「次工程はお客様ではないか。お客様のことを敵というのはおかしい。毎日夕方になったら、次工程である圧延工場へいって『今日お届けしたインゴットはいかがでしたか』と御用聞きに行くべきではありませんか？」

部長「先生、そんなことはできません。うっかり次工程へ入っていくと、何をスパイにきたんだといって、追い出されてしまいます。」

（例二）スタッフの任務は何か。スタッフのお客様は誰か

スタッフの仕事は、大きくいって二つある。一つはジェネラルスタッフとしての仕事で、社長・工場長の参謀として、いろいろの計画をつくったり、提案を行うことである。もう一つの任務は、サービススタッフとして、ライン部門（第一線部門、設計、購買、生産、営業部門など）を次工程と考えて、サービスする仕事である。私のこれまでの経験では、ジェネラルスタッフとしての仕事が約三〇％、サービススタッフとしての仕事が約七〇％くらいであると思っている。

ところがスタッフの仕事はジェネラルスタッフの仕事が一〇〇％と思い、参謀本部のように企業のすべてを運営しているように錯覚して、ラインに対してサービス精神などもたず、命令を下してお客様である第一線のライン部門と喧嘩ばかりしている。またラインもスタッフのいうことをきかない。昔よくいわれた言葉でいえば、関東軍と参謀本部の関係である。総務・人事・経理・生産技術・QC部門などのお客様は七〇％はラインである。したがってスタッフは次工程であるライン部門にどのようなサービスをしたらよいかということを考え、謙虚にサービスしなければならない。たとえば経理部が、自分が利益管理、原価管理をやっていると錯覚しているが、実際に利益管理、原価管理を実施しているライン部門、あるいはライン部門の長に、どのようなデータを提供すれば、ライン部門の人が原価・利益管理しやすいかを考えて、そのようなデータをサービスする責任があるのである。したがって、私はライン部門の人々やQCサークルリーダーに、「どんどんスタッフを使え」といっている。

（例三）　コーニンググラス本社の組織（一九五八年—一九八〇年）

一九五八年にコーニンググラスを訪問したときに、組織図をみると本社部門には全部、サービスという文字がついていた。たとえば、Service Accounting Dept., Service Engineering Dept., Service Process and Quality Control Dept. という具合で、さらに本社担当副社長は、

Service Vice-president となっていた。私がサービスという文字をなぜつけるのかと聞いたところ、サービスという文字をつけておかないと、サービス精神を忘れ、威張ってしょうがないからとのことであった。

この考え方が全従業員に普及し、セクショナリズムが打ち破られ、風通しがよくなり、皆がざっくばらんにデータで話ができるようにならなければ、CWQCが完成に近づいたとはいえない。

なお、ここで一言つけ加えておきたいことは、社内の次工程であるお客様は、前工程に対してデータ、事実に基づいた合理的な要求をしなければならないということである。

五　データ、事実でものをいおう——統計的方法の活用

ここでまず重要なのは、事実である。事実がはっきり認識されなければならない。次に事実を正しいデータで表すことである。最後にこのデータを統計的方法を活用して、推定したり判断(検定)したりして、アクションをとることである。

QCはよく事実による管理(fact control)といっているが、実際にはこれがなかなかうまく

いかない。まず事実をよく見ていない。データが信用できない。否、むしろデータを見ないで経験と勘と度胸（KKD）でやっている。

(1)　事　実

そこで、まず事実をよく調べてみることである。技術者はよく事実を見ないで、頭の中だけで考えてみたり、あるいはデータをもてあそんだりしている。事実、たとえば工程に入って、黙って一週間なり、十日間なり、よく観察することである。事実、現象を知ることが第一である。

(2)　事実をデータに

つぎに、事実をデータで表すことになるが、ここで正しいデータが出ないという問題がある。そこで、私はいつも、つぎのようにいっている。「データを見たら危いと思え。計測器を見たら危いと思え。化学分析を見たら危いと思え。」

これを、大きく三つに分けて考える必要がある。

- ウソのデータ
- 間違ったデータ
- データがとれない

① ウソのデータ

残念ながら、企業あるいは社会にはウソのデータが多い。ある会社での話。「ウチのおえら方は本当のことをいうと怒るから困るのです」と工場長。ところがそのうちに、その工場の若い技術者が本当の話をしたら、工場長が怒り出してしまったのである。

このようにして、ウソのデータがつくられるのである。

何故このようにウソのデータが出てくるのであろうか。これは多くの場合、上司の責任である。

ⓐ 上司が統計的な考え方、バラツキのセンスがないので、ちょっとデータがばらつくと気にして、あわてものの誤りをおかして怒るからである。しっかり仕事をやっているのに怒られてはかなわないから、自己防衛上ウソの報告書が出てくることになる。

ⓑ 部下が失敗した場合に、本当に部下の責任によるものは三分の一ないし五分の一である。すなわち、三分の二ないし五分の四は上司およびスタッフの責任の問題である。それを全部部下の責任として怒られてはかなわないから、ウソのデータが出てくる。

上司がⓐ、ⓑに関して思想革命しないかぎり、ウソのデータはなくならないであろう。

部下が失敗したり、おかしなデータが出てきたならば、それを正直に報告し、叱るよりも、みんなで協力して再発防止対策を考えるようになれば、ウソのデータは減少してゆく。

②　間違ったデータ

私が品質管理を始めてすぐに気がついたことは、無知であるために、間違ったデータのとり方をしていることであった。たとえば、サンプリング方法、測定方法などが悪いために間違ったデータがあり、使えないデータが多いということであった。そこで日科技連に研究会をつくり、研究をすすめてきた。近年これらの点はだいぶよくなってきているが、実際の問題に取り組んでみると、まだまだ問題は多い。

同様に、不良、欠点、手直し、調整などの定義がはっきりしていないために、不良率、欠点数、手直し率、調整率、直行率などに間違ったデータが多い。

③　データがとれない。測定できない

技術が進歩しているとはいえ、まだ測定できない問題も多い。また、品質についていえば、真の品質特性は多くの製品において測定できていない。たとえば、乗用車の運転のしやすさ、乗心地、スタイルのよさなどという品質特性はその一例である。

この問題については、よく研究して測定方法を確立することが必要であるが、やむをえない場合には、統計的官能検査の手法を活用してデータ化してゆく必要がある。

る。

(3) データ・統計的方法の活用

この点については、SQCおよびQCの本によく述べられているので、ここでは簡単に述べる。

まず第一に、工程解析や品質解析を過去長期間に地道にやってきたので、技術が進歩してきたことである。よく固有技術が技術を進歩させ、管理技術がこれを維持していくものであるといっている人がいるが、間違っている。私は固有技術、管理技術と分けるのがおかしいと思っている。欧米では、このような分け方はあまりしていない。

私にいわせると、いわゆる管理技術も一つの固有技術である。これらすべての技術を使って品質が向上し、コストダウン、能率向上が行われるのである。QCの実施により、工程解析や品質解析がしっかり行われるようになり、製品(ハード)だけでなく、技術(ソフト)もどんどん輸出できるようになってきたのである。

第二に、データや統計的方法を活用せずに、経験・勘・度胸(KKD)に頼って仕事をしていくということは、自社には、そのような技術はありませんということを証明しているようなものである。

以上述べたように、事実・データ・統計的方法を活用することにより、経営に対する取組み方を進歩させてゆかなければならない。

六　人間性尊重の経営

ＣＷＱＣで経営してゆく場合に、うまく標準化を行い、権限を思い切って委譲し、部下の能力を思いきって発揮させるように運営していくことが基本原則である。

企業というのは人間社会に存在しているのであるから、企業に関係ある人間（消費者、従業員およびその家族、株主、外注・流通関係の人々）が、幸福に、のびのびと能力を発揮できるような、人間中心の経営を行うことがその基本目標である。利益第一というのは、旧式な考え方である。

人間性とは、簡単に一言でいえば、動物や機械と人間との違う点、すなわち自主性、自分の意思をもって、人からいわれたというのでなく、自発的にやっていく人間であるということと頭を使って、よく考えるということである。そして、人間の無限の能力を発揮させる経営ということになろう。

各職場におけるＱＣサークル活動の基本理念の一つは、「人間性が尊重される職場（『ＱＣサークル綱領』参照)」である。

経営者、中堅幹部においては、前述のように思いきった権限委譲が、人間性尊重の経営となろう。別の表現を使えば、旧式なトップダウンだけによる経営ではなく、ボトムアップも含めた、全員参加の経営が、人間性尊重の経営となろう。

スウェーデンでは、日本のやり方を見て、Industrial Democracy といううまい名前をつけている。

七　機能別管理、機能別委員会

機能別管理については、一九六〇年に、部門別と機能別の二元表をつくって説明し、これをトヨタ自動車工業が採用し、その後いろいろ工夫をこらして続けて実施され、成功されているやり方である。それがトヨタ自工・青木氏等によって紹介(『品質管理』一九八一年二〜四月号)されている。

日本の社会・企業はタテ社会といわれているように、縦の上下関係の結びつきは強いが、横関係は、セクショナリズムでなかなかうまく結びついていない。たとえば、品質保証という機

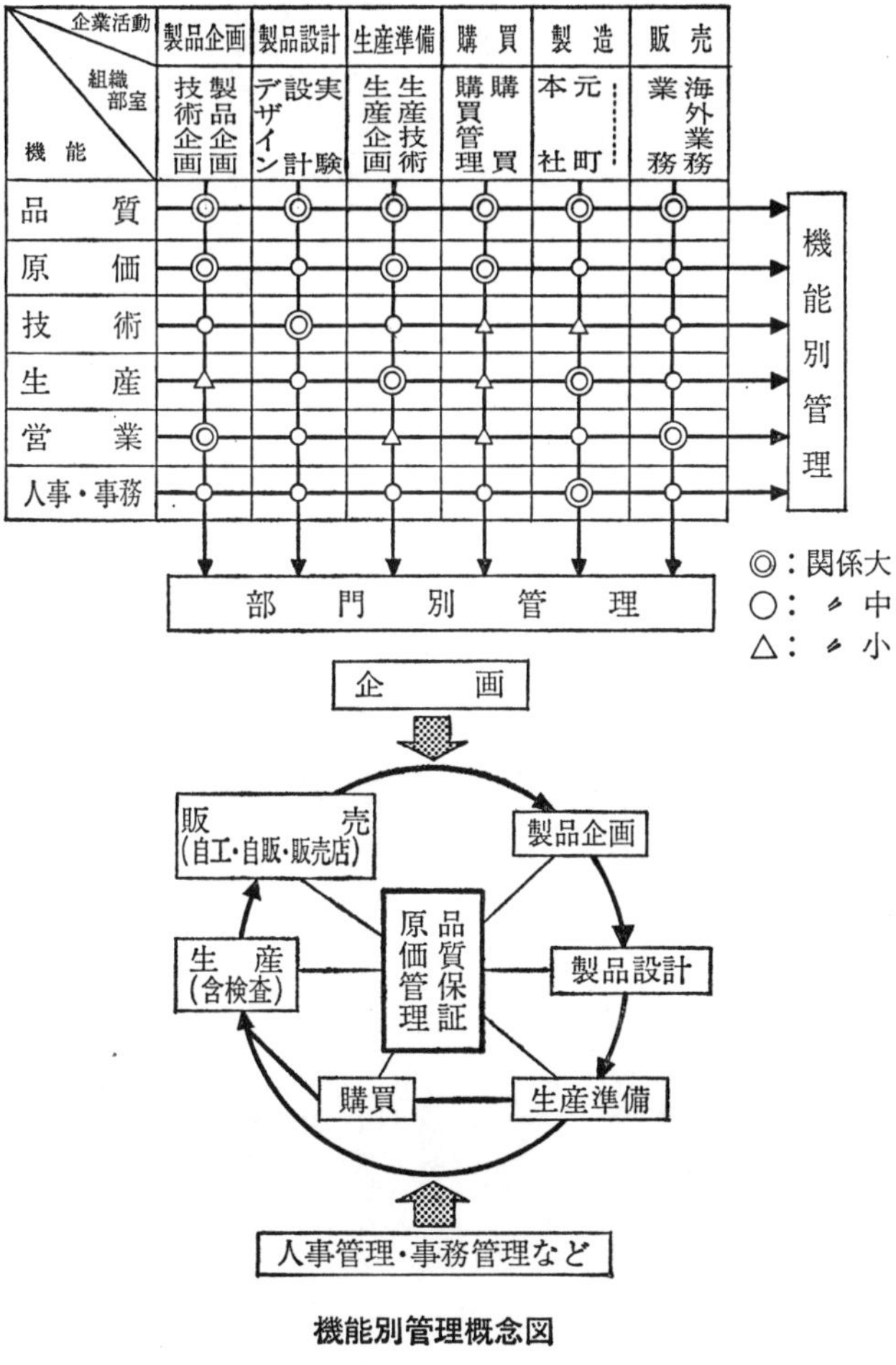
企業活動
組織部室
機能
製品企画
製品設計
生産準備
購買
製造
販売
製品企画
技術企画
実験
設計
デザイン
生産技術
生産企画
購買
購買管理
元町
本社
海外業務
業務
品質
原価
技術
生産
営業
人事・事務
機能別管理
部門別管理
◎：関係大
○：〃中
△：〃小
企画
販売
(自工・自販・販売店)
製品企画
品質保証
原価管理
生産
(含検査)
製品設計
購買
生産準備
人事管理・事務管理など

機能別管理概念図

能についても、品質保証部がいくら頑張っても、製品の品質保証を完全に行うことは不可能である。

これに機能別委員会を通じて横糸を入れていくのが、機能別委員会を基本とした機能別管理である。

織維学によると、縦糸だけならばこれは糸であり、ノレンである。これに横糸がはいって、糸がよく結びついて初めて組織ということである。企業の場合もこれとまったく同じで、タテ社会の縦糸だけでは組織とはいえず、品質保証をはじめとし、多くの機能の横糸を図のように入れて初めて強い組織となろう。すなわち、部門別管理の縦糸と機能別管理の横糸を通して組織的運営をしようというのである。

機能別というのは考えていくといくらでもある。品質保証、量管理、原価(利益)管理、新製品開発、外注管理、販売管理などあげていけばきりがない。しかし企業目的からいって、やはり品質保証、原価(利益)管理、量管理の三機能(プラス人事管理)が主機能であり、他はステップ別、手段別あるいは補助的な機能といえよう。

これらの機能に応じて、機能別委員会、たとえば品質保証機能委員会をつくる。委員長はその機能担当の専務あるいは常務とし、委員は取締役以上(やむをえなければ部長をいれてもよい)とし、五名前後とする。関係部門の人をすべて入れるような考え方はよくない。むしろ、専門外の取締役を一〜二名入れておくことの方が重要である。各機能委員会には従来からある専門部門に事務局をおき、幹事役をきめる。この委員会は、弾力的に運営するとよい。主機能については、委員会は毎月定例的に一回は開催する。必要があれば、担当機能について診断を行ったり、委員会の下にプロジェクト・チームをつくることも考えられる。

この委員会で、全部門に品質保証の責任と権限を具体的に割りつけを行い、品質保証のシステム、ルールづくりを行う。

毎月品質保証状況やクレーム状況を調べて、つぎつぎと責任分担を改訂し、決定していく。トヨタ自動車工業では、この会議で決定し、どんどん実行しており(ここに至るまで約十年間の機能別委員会の経験をしていることに注意)、上部の経営会議は報告するだけであるから、この委員会はフォーマルなもので、インフォーマルなものではないといっている。私もフォーマル、インフォーマルは言葉の定義の問題かも知れないが、フォーマルな性格にしなければうまく運営できないと思っている。

この委員会は、品質保証の実行を行うのではない。実行はタテ社会である各部ラインが行うのである。したがって、品質保証委員会には、直接的に日常業務的な品質保証の責任はない。

品質保証の責任は、あくまでもラインにある。

このように、機能委員会は縦糸に横糸を入れて、組織を強化してゆく責任をもつ。

機能別委員会、機能別管理に対する誤解と問題点

① 問題が起こったときに会議を行う、インフォーマルなプロジェクト・チーム的に考えている人がいる。常設で定期的にひらき、システム、横糸を常に検討して、決定していく委員会である。

② 機能別管理があれば部門別管理は不要と思っている人がいる。

③ 専門家、関係部門を全部入れなければならないと思っている。機能別委員会はもっと高次元のものである。

④ 機能別委員会が実行するもの、あるいはプロジェクト・チームであると考えている。たとえば利益管理委員会で、今期の利益が不足しているからといって、各部に割り当てて利益目標を達成しようとしている。これは部門別の方針管理の問題である。

⑤ 初めのうちは、委員である取締役は、全社的立場から考えなければならないのに、設計部長、経理部長などという自部門の利益代表的な発想方法になりやすい。

⑥　機能別と部門別が混乱して、自部門のことばかり考えている。たとえば、生産量管理機能についていえば、会社の生産量管理のことを討議しなければならないのに、生産管理部の話をしている。原価管理機能についても同様に、経理部の話ばかりしている。

⑦　社内の情報システムが日常業務的に各ラインから集められるようになっていないと、この活動はうまくいかない。

⑧　機能別委員会をあまり増加すると、機能間で干渉したり、部門別と同じようになりやすい。

その他、機能別管理という思想革命ができていないと、名前だけの機能別委員会になり、うまく運営されない場合が多い。特にトップダウンの強い、ワンマン社長の会社の場合こそ機能別管理が必要なのだが、未だにうまく運営されていないところが多い。

機能別委員会、機能別管理の効果

①　役員がセクト代表でなく、経営者らしい、広い視野をもつようになった。取締役らしい取締役になる。考え方がフレキシブルになり、互いに助け合うようになる。

②　機能別の品質保証、量管理などが、全社的にうまく行われるようになった。

③ 機能別に検討するので、部・課の数をあまり増加しないですむ。

④ 末端まで機能別の考え方をもつようになり、工程間、部門間の連絡がよくなる。人間関係がよくなる。

⑤ 下部からの提案がやりやすくなる。

八　全社的品質管理と技術の進歩

QCに対する社会的、企業的、あるいは個人的誤解があるために、QCをやると創造性が出なくなるとか、技術の進歩がとまるとか、QCは現状維持であるとか、いろいろ誤解されている。特に管理という言葉が、現状維持的な印象を与えてしまうために、これまで述べてきたような、QCによる経営の思想革命というような考え方にならない人が多い。

最近海外の新聞、週刊誌、放送などによって　日本の知識人も　ジャーナリストも　例によってやっと日本のQCを再認識しているという残念な姿である。しかし私は、妙に宣伝するよりも、じっくり実績をつくっていく方を重要視している。うっかりジャーナリズムに乗ると、いろいろの人が出てきて、いろいろな意味において、われわれの仕事に雑音がはいってきて、かえって正しく進歩しないからである。

たとえば、ＱＣサークル活動が盛んになるのをみて、小集団心理学者が出てきたり、Ｘ理論Ｙ理論、Ｚ理論その他いろいろな理論家が出てきて理論をつくったり、批判したりしている。私はよく、そんな理論はすべてＱＣサークル活動に含まれていて、しかもわれわれは理論ではなくて、実行して成果をあげているのですよ、といっている。

ＱＣは理論と同時に実践の学問である。この点ここで品質管理関係者にお願いしておきたいことは、理論家だけにならず、実践家だけにならず、両者を兼ね備えたエキスパートになってほしいということである。

私はＱＣを始めた頃から、ＱＣ、ＣＷＱＣを通じて、日本の技術を進歩させることが目標であった。それが特性要因図を考えた基本になっており、工程管理のために工程解析に熱をあげ、それがオンライン・コンピュータ・コントロールへつながってきた。私が新聞用巻取紙について品質解析を行ったのは二十年以上前の話である。この工程解析と品質解析により、その要因や関係が明確になってくる。すなわちＱＣをしっかり行うことにより技術が確立してくるのである。最近日本の技術輸出が急激に増加している。残念ながらまだ全体としては技術輸入の方が多いのではあるが。

そこで、QC、TQC、CWQCに関する、私のだいぶ前に書いた念願を述べておきたい。

「新しい品質管理の目的は、私の念願としては、まず良い安い製品を多量に輸出して、日本経済の底を深くし、工業技術を確立し、したがって技術輸出がどしどし行えるようにして、将来の経済基礎を確立し、最終的には、会社についていえば、消費者、従業員、資本家に利益を合理的に三分配し、国家的にいえば、国民生活を向上させることにある。」(『品質管理入門A』より)

第七章　経営者および部課長の役割

トップのリーダーシップのないＴＱＣ推進は中止せよ
ポリシーがはっきりしていなければＱＣは進まない
組織とは責任と権限の明確化である。
権限は委譲すべきであるが責任は委譲できない
部課長を攻略しなければＱＣは進まない
会社にいなくてよい人間になれ。
しかし会社になくてはならない人間になれ
部下を使えないものは半人前以下、上司を使って一人前

一　経営者に望む

残念ながら、全社的品質管理の味のわかっていない経営者、とくに最高責任者はまだまだ多い。わかっているつもりの人は多いかも知れないが、全社的品質管理は、味をおぼえなければならない。当然のことながら、味は食べなければわからない。ＱＣは社長自身がリーダーシップをとって実施して初めてその味がわかるものである。本章では、トップ、とくに最高経営責任者に何を期待するかについて述べておこう。

この場合、とくに強調したい点は、いわゆるトップ・マネジメントを広義にいって、重役の一〜二名や数名が全社的品質管理に熱心であるというだけではダメで、真の経営の最高責任者、最高実力者である社長、会長がリーダーシップをとり、以下述べることを実行しなければダメだということである。日本では、平取締役に何かいうと、それは常務にいってくれというし、常務にいえば、専務か社長にいってくれという答えが多い。取締役が取り締られ役にすぎず、真のトップ・マネジメントになっていない場合が多いのである。

二　トップに多い誤解

全社的品質管理について、トップにいろいろの誤解や理解不足がある。

うちはもう品質管理は卒業しました

品質の管理はものを生産・販売している以上、企業とともに永久に実施すべきものである。また、企業が永久に発展しなければならない以上、企業の体質改善は永久にやらなければならないものであることを忘れている。ＱＣという言葉をもっと素直に考えなければならない。

品質に対しての関心がうすい

利益、売上高、設備投資、金繰りや政治折衝には関心をもつが、肝心の品質に対して関心のうすいトップが多い。特に流通機構、サービス業など、品質はメーカーの問題であると考えている人が多い。その証拠に、品質やＱＣについて長期計画をもっている企業が少ないし、品質のレベルが他社、他国に対して、どのような水準にあるかの実情を知らない。経営における質、量、コスト（利益）、人の問題のうち、最近特に、品質の重要性がしだいに強くなっていることにまだ気がついていないのである。品質をよくすると、コストが高くなるという誤解は、これはQCイコール検査と誤解しているからである。

うちには必要ない

たとえば、「現在儲っているからQCなど要らない」「うちの製品はどんどん売れているから必要ない」というような発言をする人々は、日本の全社的品質管理がどのように行われているかを知らないか、QCそのものを知らない人である。あるいは、経験的に、個人的に、旧式なQCを行っているのであって、組織的にあるいは永久に続かなければならない企業の将来を考えた全社的なQCを知らない人々である。

このような人々は、全社的品質管理で大きな効果を上げた企業の社長の感想を聞いてみるのがよい。

担当のものにやらせています。うちはよくやっているはずです

トップがQCを知らないばかりでなく、トップとしてのリーダーシップをとっておらず、自

社の品質、QCの実態をつかんでいないものである。

教育には熱を入れています。多くの人を社内外の講習会で教育しています

教育だけ行えば全社的品質管理ができるものと思っている。「QCは教育に始まって、教育に終わる」というように、教育は確かに重要である。しかし、教育しただけではQCにならない。教育を受けた人々があまり活用されていず、彼らが活躍できないでいることを知らない。

うちは十年以上前からやっています。うちはよくやっています

長くやってさえおればよいと思っている。これではマンネリQCになっているであろうし、企業の実態、QCの実情をつかんでいないか、あるいは口だけの強がりをいっている人であろう。品質はたえず変化し、向上していかなければならないものであり、一年前にはよい品質であっても、一年後には劣悪の品質になっていることが多いのである。また、五年前、十年前にデミング賞実施賞をとっていても、人はどんどん変わっていくから、現在はどうなっているか、トップによるQC診断を行って、実情を知る必要がある。

コストダウンばかり命令していて、品質に気づいていない

トップというものは、コストダウンの至上命令を出したがるものである。もちろん、コストダウンは大切であるし、QCを行えばコストも大幅に低減できるが、短期的なコストダウンに気をとられて、企業の長期的信用を失うことになる品質、とくに信頼性の低下、劣化を忘れている。口では品質第一、品質優先といっているが、実際にはコストのことばかりいっている。

うちの製品は日本一の品質です

非常に短期的に、また日本国内だけをながめているトップで、貿易自由化や資本自由化を忘れている人々である。資源の少ないわが国は多くの輸入を行い、それ以上の輸出を行わなければならないことは、周知の事実である。日本のトップは、「眼は世界、足もと固めよQCで」というキャッチ・フレーズ(一九六六年品質月間)のとおり、目をたえず世界に向けて、世界の品質水準を考えなければならないのである。

そのほか、「QCとは検査を厳重にすることである」「QCとは標準化を行うことである」「QCとは統計学である」「QCとはむずかしい勉強をすることである」「QCは検査課、品質管理

課にやらせておけばよい」「工場がしっかりしたQCをやっていればよい」「QCは本社、事務部門、販売部門には関係ない」などというのは、いずれも認識不足である。

三　トップは何をしなければならないか

まっ先に品質管理、全社的品質管理を勉強し、実際に日本でこれがどのように行われているかを調査し、これを十分理解すること

しかし、勉強だけでは味はわからない。実際に二年、三年やっているうちにその味がわかり、本当に理解できるものである。かめばかむほど味が出てくるのがQCである。

全社的品質管理をいかなる立場で取り上げるかという方針を打ち出すこと

各企業がどういう立場で全社的品質管理を取り上げるかは、トップ・マネジメントが決めるべきことである。第五章で述べたように、いろいろな形がある。その導入・推進方針、あるいはいかなる態度で取り上げていくかという方針を決め、その方針を全社内に明示しなければならない。いずれにしろ、経営を合理化し、企業の体質改善を行い、世界一の品質を作るのだという方針を作成し、これを末端まで徹底し、実行していかなければ成功しない。

品質およびQCについて情報を集め、品質についての重点方針を具体的に決めること。そして、品質優先、品質第一の基本方針を出し、国際的な視野に立って具体的に長期的目標品質水準を決めること

目標品質水準や設計品質水準を決めるのは、すなわち新製品開発の長期計画をきめるのは経営の重要な基本項目であるにもかかわらず、これに無関心なトップが案外多い。トップが品質を重視し、品質に対する関心をもっていなければ、全従業員が品質に関心をもつはずがない。

トップが品質およびQCについて先頭にたってリーダーシップをとり、推進すること

方針を出しっぱなしではダメで、具体的に先頭に立って、リーダーシップをとり、これをチェックし、引っ張っていかなければならない。一般に大企業では、トップが全社的品質管理を本当に理解し、明確な方針を出し、リーダーシップをとって引っ張りはじめてから、本当に企業の末端までこれが徹底し、企業の体質改善が行われ、いわゆるデミング賞実施賞レベルに達するまで、早くて三年、場合によっては五年くらいかかるものである。小企業の場合、まとまりがよければ一〜二年である。したがってあわてて短期決戦的に考えるべきものではなく、企業とともに永久に実施すべきものであるから、長期的に、気長に、しかもコンスタントピッチで実施していかなければならない。この際、ＪＩＳマークの審査、同局長賞、大臣賞、デミング賞実施賞などを、ＱＣ推進のための手段として受けてみることも役立つ。ただし、注意しなければならないことは、絶対に賞をとるためのＱＣを行ってはならないということである。これでは形式的なＱＣになりやすく、害多くして益は少ない。

ＱＣを実施していくのに必要な教育を行わせ、これとよく結びついた人員配置、組織計画などの長期計画を決めること

ＱＣは経営の一つの思想革命のつもりで進めなければならない。思想革命であるから、「ＱＣは教育に始まって教育に終わる」という格言の通り、集合教育を少なくとも一五〇〜二〇〇％ぐらい行う必要がある。すなわち、平均一人当たり一・五〜二回行う必要がある。一回くらいの教育では考え方は変わらず、すぐに忘れて、ヨリが戻ってしまうものである。教育投資は、実際の効果により、百倍、千倍になって回収されるものである。

もちろん集合教育は教育のうち三分の一か四分の一で、他は仕事を通じて上長が部下を教育することである。権限委譲も一つの教育である。従来、上長の部下を教育する責任というのが完遂されていず、ときには自分の苦労しておぼえた経験を部下に教えないで、部下の失敗を楽しんで見ている心得ちがいの長がいるから、トップは注意しなければならない。

また、教育と密接に結びついていなければならないはずの人員配置計画や組織計画が、教育計画と結びついていない場合も多い。たとえば、せっかくベーシックコースなどに出席させ、将来、ある課のQCスタッフとする予定だった人が、教育がすんだらすぐ配置転換になってしまって、その部門のQCスタッフがいなくなって、推進に障害を起こしている例がある。

品質およびQCが方針や計画どおり行われているかどうかをチェックし、アクションをとること

そのために必要な品質情報や管理情報が、日常業務としてトップにフィードバックされるようなシステムを作っておくこと。そして、品質監査やQCの管理や診断を行うこと、特に日本のTQCの一つの特長である、トップ(最高責任者でなければあまり価値がない)自身によるQC診断は、トップとしてぜひ行うことをおすすめしたい(詳しくは第十一章で述べる)。

トップの品質保証についての責任を明確にし、品質保証体系を整備すること

品質保証はQCの真髄である。どの段階の全社的品質管理を行うにしても、製品の品質保証がしっかり行われていなければ、砂上の楼閣である。したがって、トップの品質保証に対する責任を明確にしなければならない。そして、新製品開発のステップ別に全社的に品質保証責任の分担をはっきりさせ、品質保証システムを確立し、それらの情報がすばやくトップにフィードバックされるようにしておく必要がある。このためには、新製品開発委員会や品質保証の機能別委員会をつくり、機能別管理を行うとよい。また、品質月報、QC月報が毎月トップに提出されるようにしておかなければならない。

機能別管理体制を確立すること

日本の企業はタテの命令系統は強いが、セクショナリズムが強く、ヨコの連絡が悪いのが欠点である。全社的品質管理で強調されている一つのポイントは、部門間のヨコの連絡である。日本の企業はノレンみたいなもので、タテにはよくつながっているが、ヨコの連絡が悪い。ヨコ糸が通っていず、総合力のないのが一つの大きな欠点である。このヨコ糸を通すのが組織で

あり、機能別管理である。少なくとも、人事、品質保証、利益(原価)、量(納期)管理などについて機能別管理を推進する必要がある。機能別管理については前章で述べた。

次工程はお客様、次工程保証の考え方を徹底させること

QCの大原則の一つは、消費者を満足させることである。これを企業内でいえば、次工程は消費者である。この考え方が徹底すれば、セクショナリズムの壁がやぶられ、企業内の風とおしがよくなるものである。

セクショナリズムの強い日本の企業では、この次工程は消費者であり、次工程に対してサービスし、その品質や仕事の質を保証するのであるという精神を、トップとして全従業員に徹底させなければならない。「QCをやったら社内の風とおしがよくなった」「みんながざっくばらんに話ができるようになった」「共通の言葉が使えるようになった」という感想が出てくるのは、こういう考え方が徹底するからである。この際、スタッフにとってのお客様はラインであることを忘れないように。

トップは現状打破について、リーダーシップをとり、これを実行していくこと

企業の中には、現状維持を好む安易な考え方がはびこりやすいものである。とくに現場(設計・研究・購買・生産・営業部門など)は封建的で現状維持になりやすいものである。テンポの速い技術革新、世界競争の時代であるから、トップが現状打破(breakthrough)のリーダーシップをとり、これを引っ張っていかなければ、その企業は脱落してしまうであろう。現在はいかに早く石橋をたたいて渡るかという時代である。トップが石橋をたたいて渡らないという状態では問題外である。

以上いろいろ述べたが、やはりどのような消費者層(海外も含めて)をねらい、どのような性能をもったものを、どのくらいの値段で生産し、いつ、どのくらいの量販売し、どのくらいの利益を出すかという目標をはっきり打ち出すことが大切である。

四　部課長の役割

部課長という地位は、本人自身としても、また上下左右の関係からいっても、社内で非常に重要な地位であるとともに、またむずかしい地位でもある。部課長について、私が感じていること、その他について述べてみたい。

さて、何かというとすぐ「部課長は……」という言葉を使うが、部課長という地位にも人間にも、一般にバラツキが非常に多い。成長産業としてどんどん拡張している企業と、やや斜陽化してあまり膨張していない企業では、また大企業と中小企業では、人間としても年齢的にも、勤続年数からいってもバラツキがある。おそらく二十代の課長から五十代で停年に近い課長もあろう。また、最近では、部下のいない専門課長も増加している。

また、社内での配置転換がほとんど行われず、永年同じ職場にいる職場の神様・職人的な部課長から、エリートで重役コースのステップとしての部課長、あるいは十分権限を委譲されていて経営者的センスでがんばっている部課長、上司から命令されれば兵隊のようにがんばるが、自分から立案したり、上司に意見具申をしない部課長、自信(過信?)をもった部課長と、なにも判断できない部課長などいろいろいる。また、上意下達でそのままトンネル的に下へ伝える部課長、自分に都合のよいように曲げて伝える部課長、自分に都合の悪いことは伝えない部課長、うまく具体的に伝える部課長、また下意上達についてもいろいろバラツキがある。

QCについても同様で、QCの好きな熱心な部課長、食わずぎらいの部課長、やるのかやらないのかはっきりしない部課長、専門職としては適切なのだが、管理者としては人を掌握していけない部課長、というように、会社の歴史・制度、個人のバラツキなどにより、いろいろの部課長がある。これを一律に論ずることは不可能であるが、一般論として、人間としての部課長という立場から述べてみよう。

交通巡査

例はあまりよくないが、ある意味からいったら部課長の日常業務は、社内の交通巡査のようなものであろう。上下左右の交点にいるのであるから、上下左右との連絡、情報をうまく流して、タテ、ヨコの連絡をよくし、ときにはストップをかけ、左折右折させ、違反車には注意を与えるなど、交通を渋滞させないよう、安全に仕事を進める役割であろう。しかも、自分で四囲の情勢をよくみて、自分の意志で判断しなければならないのである。

ところが、うっかりしていると、交通渋滞を起こしたり、警笛をピーピー鳴らされたり、あるいは交通事故など起こしてしまうことになり、巡査がいるから交通渋滞が起こってしまうのだ、信号だけのほうがよい、などということになってしまう。

交通巡査には、自分の周りの四つの道路の近いところしか見えない。あるいは見ようとしない。各々隣の交差点や一〜二キロ先の状態(情報)がわかっていれば、もう少しうまい交通整理ができるはずである。身の周りのことだけでなく、情報を広く求めて、広い視野で判断しなければならない。

しかし、ここでちょっと考えなければならないことがある。交通巡査はいつも交差点に立っていなければならないのであろうか。交通量が多くないときは、大部分の交差点は自動信号機で円滑に安全に交通は流れるのである。通常は放っておいてよいのであって、ラッシュのとき、異常のときこそ、巡査(部課長)が活躍すべきであろう。自動信号機で十分なときに、巡査がノコノコ出ていくと、かえって労多くして交通(仕事)がうまくいかなくなるものである。そして、肝心なときにくたびれてしまって、仕事ができなくなってしまうのである。

会社にいなくていい人間になれ。しかし、会社になくてはならない人間になれ

これは私が学生に卒業前にいつもいっている言葉である。一見矛盾しているようにみえるが、前半は、部下をもっている場合に、みんなを十分教育し、しっかりした部下であり、自分の方針も気持ちも十分理解し、人の和もできているから、管理者としては、会社にいなくても安心しておれるような人間になれということである。何もチェックしなくても、大丈夫なような職場にしろということである。

後半は、会社にとって、何か重大事件が起こったとき、たとえばむずかしい新製品開発や新

市場開発のとき、あるいは大きなトラブルが起こったときには、「あいつでなければ駄目だ」というようなファイトと知恵をもった人間になれということである。

部下を使えない者は半人前ともいえない。上司を使えるようになったら一人前といってやろう

これも私がいつもいっている言葉である。前半の言葉は説明を要しない。ただし、部下を使っているといっても、職位にいるから、叱りつけてチェックして、部下がイヤイヤあるいは仕方なしにやっているようでは、使っているとはいえない。上司を信頼して、上司の意思を体して、部下が喜んで、楽しんでやってくれるようでなくては駄目である。

上司を使うというとカドがたつようであるが、自分の意見を上司が承認して、どんどんやってくれるようになるという意味である。

上司にはいろいろな種類の人間がいるものである。したがって、いくら正論であっても、すぐに認めてくれないこともあろう。もちろん、相手を説得するには、事実、言い換えると正しいデータが必要であるし、その知識、意見も正しくなければならない。が、それだけでも不十分である。人間のことであるから、互いに立場もあり、感情もある。また、日常、信頼されて

いるかどうか、頼もしいやつと思われているかどうかも問題である。相手を説得する力ももっていなければならない。こういうことから、上司がどんどん意見を採用してくれるようになったら、一人前といってやろうという意味である。

もちろん、気の弱い上司に対して、たとえば押しの一手で押しつけたのでは、使っているとはいえない。気の強い上司の場合、私は三回いえといっている。しかし、その三回も、今日いって、明日いって、明後日いったのでは喧嘩である。もし今日いって承認されなかったら、まず、自分の考え方に間違いはないか、データは十分か、話をするチャンスやいい方に悪いところはなかったか、熱意をもっていたか、相手の立場はどうだろうか、などについて反省してみる必要がある。そして、少し冷却期間をおいてから新しい情報をもとに、説得方法を考えて二回目の意見をいうのである。三回いっても相手が承認しなかったら、相手は上司なのだから、それで一応引き下がれというのである。しかし、私の経験でいえば、よほど頑固なワンマン社長でも、三回いえばわかってくれるものである。私がこの話をある会社の重役にしたら、「私は意見を一回しかいいに来ないのは、無視することにしています」と言っておられたが、これも困りものである。

部課長は上下の間にはさまったサンドイッチみたいなものである。このキャッチフレーズのように行動できなければ、部課長の職責は果たせないのである。

第一回ＱＣサークル大会（一九六三年）のときに、ある女性のリーダーが課長を動かして大きな成果を上げた例を発表した。そのとき彼女は質問に答えて「だから私は忙しいのです。私の仕事の半分は、データで上司のシリをひっぱたくことです」という名言をはいた。

人は任せて思いきってやらせれば、十分能力を発揮し、成長するものである

上長には部下を教育する責任がある。上長が部下を教育する第一は、やはり上長のもっている知識・経験を部下に仕事を通じて教えることである。

ところが、部課長によっては、自分が十年二十年かかって苦労して覚えたことをそう簡単に教えられるかといって、何も教えず、部下が失敗するのを楽しんで眺めている人がいる。これではとても仕事はできない。部下がしっかり仕事をしてくれて、初めて自分の部門はうまくいき、さらに自分はもっと前向きの仕事ができるようになるのである。

しかし、このような教育だけでは、部下はなかなか一人前には育たないものである。あまりうるさく教えようとすると、うるさい親父だといわれることにもなろう。もちろん教え方にもよるが。

もう一つの最も重要な教育方法は、思い切ってやらせてみることである。言い換えれば権限委譲である。急成長している企業で、若い部課長がバリバリやっているのも、中堅管理者不足のため、思い切って任せているからであろう。これと対照的に、膨張していない企業の部課長にクサっている人が多いようだ。私も大学を出てすぐ、現役の技術科士官ということで、二年ばかり海軍工廠の仕事をさせられた。大学を出た翌年に六百名の人を預けられ、三十万坪のところに工場を建設させられたが、これは私にとって非常によい勉強になったと思っている。

部下に方針を示し、必要があればちょっとした注意を与えて、あとは思い切って仕事を任せてみることである。少しくらいの失敗は成功のもとであり、その人がぐんぐん伸びてくれば、そのくらいのロスは何でもないものである。ワンマンの後にトラブルが多いのも部下の教育、権限委譲が行われておらず、人材の育っていないことも一つの原因であろう。

上ばかり向いて仕事をするな

会社によっては、上ばかり向いて仕事をしている。これは偉い(?)ワンマンがいるとよく起こる現象である。ある会社で、専務以下全員が上を向いて仕事をしていた。上向いて仕事をするということは、極端にいえば、社長の命令や指示を待っていて、社長が何かいうと一所懸命やる。言い換えると、専務以下全員が兵隊のようで、大隊長も中隊長もいない会社である。たとえは悪いかもしれないが、このような会社を、二百三高地型の会社と呼んでいる。社長の一声によって、全員突撃して高地を占領するが、損害は甚大になる。大隊長、中隊長、小隊長がしっかりしていて、みんなが頭を働かして、よく考えるようにならなければならない。このような場合、私がよくいっているのは「専務が社長にどんどん意見をいうようになり、平取締役が専務に、部長が取締役に、課長が部長にどんどん意見をいうようになったら、お宅の会社は、全社的品質管理、企業の体質改善ができたということにしよう」と。しかし、こういう体質はなかなか直らないものである。

職場の事実を正しく掌握するのは部課長以下の任務

職場の事実、正しいデータがつかめなくては管理も改善もできない。ところが、これがなかなか困難なのである。ウソやウソのデータが多いのである。なぜだろうか。

- 自分をよく見せるため
- 失敗を隠すため
- 自分が不利にならないように

・無知・無意識に

などの理由が考えられる。ところが、私が強調したいのは、ウソの責任の六〇～七〇%は上司にあるということである。なぜ相手はウソをつくのだろうか。

(イ) 無理な命令
(ロ) すぐ怒る
(ハ) うるさい
(ニ) ワンマン、強い本社や上長の統制
(ホ) 上長がウソをつく
(ヘ) バラツキのセンスのない上長
(ト) うまい規定や作業標準類ができていない
(チ) 人の評価方法がヘタ
(リ) 部下にばかり責任を押しつける
(ヌ) 命令の出しっぱなし
(ル) チェックのやり方がヘタ、チェック不十分

以上の他いろいろの原因により、日本の社会、企業の中にはウソのデータ、間違ったデータ、

意識的あるいは無意識的に偽られたデータが多くなるのである。これを純化し、正しいデータ、正しい事実、真実をつかまえるのは、部課長以下の管理者の大きな任務である。

住友電工の故鍋島社長は「社長のQC診断、社長に対する管理報告会を行う一つの大きな目的は、事実をつかむことである。課長以上はデータで仕事をしているが、そのデータが間違っていれば経営はできません」と言っておられたが、正しい情報が正しくトップのところへ流れていくことのむずかしさを表していると思う。

私自身が会社にいるとき、毎日必ず課長が日報を見ていたが、その目的の一つは、データを訂正するためであった。若い技術者が歩留りについて本当のデータでグラフを書いたら、課長から「ウチの歩留りは七〇%にきまっているのだ。余計な数字を出すな」と怒られたのを知っている。ある工場長から「石川先生だからお話しますが、これが本当の月報です。本社に出しているのはこちらです」と言われたことがある。また、営業所の売上げの数字がいかにあやしいものであるかについては、何回も経験している。

もっとも、この問題はトップにより多く責任のあることかも知れないが。

現状打破をはばむものは？

企業が発展するためには、現状打破が大切である。ところが、ある程度、功なり名をとげた部課長(？)にもなると、何もいまさらと言って、危いことをして、自分の身の安全をおびやかすことはあるまいという態度になりがちである。これは一部の部課長の習性としてやむを得ないことかも知れないが、こんな部課長が大勢いたのでは、その企業の将来はどうなるのだろうか。もちろんこういう人を部課長にしたり、このような部課長にしてしまった責任の一半はトップにもある。

QCサークル活動がうまくいくかどうかは部課長の責任である

これについては次章で述べるが、QCサークル活動は部課長の鏡である。部課長の如何によって、活発にもなれば、火の消えたようにもなる。

部門間連絡――機能別管理

何度も述べたが、日本の企業は、昔からタテの命令系統は強いが、ヨコの連絡が悪い。いわゆるセクショナリズムである。部門間連絡と機能別管理は同義語ではないが、たとえば品質保証機能という立場でヨコを見た場合、企画・設計・試作・評価・生産技術・購買・生産・販売およびアフターサービスなどを通じて、これが必ずしもうまくいっていない。

これらヨコの結びつきを強くするのも、相当大きな部分が部課長の仕事である。次工程や前工程、あるいは他部門と喧嘩ばかりしていては話にならない。部課長間の人間関係の問題である。

社長は十年、重役五年、部長で三年、課長は少なくとも一年先をみて仕事せよ

長と名のつく人は、自分の部門をしっかり管理し、足もとを固めることが大きな任務である。ただし、その目や考え方は、いつも将来を見ていなければならない。前向きでなければならない。そして先手管理を行うべきである。私は少なくとも部長は三年、課長は一年先のことを考え、企業全体について広い視野をもって仕事をしていかなければならないと思っている。ところが部課長の中には、場合によってはトップですら、昨日のこと、先月のことばかり気にして後向きになっている。これでは部下も後を向いてしまい、永遠に発展しなければならない企業が後向きになってしまうであろう。

まだいろいろあるが、紙数の関係でこのへんで筆をおくことにする。要するに、企業として非常に重要な地位にいる部課長は、以上の考え方に基礎をおいて、自己啓発、相互啓発で大いに勉強し、企業の中堅幹部として、誇りと自信と勇気をもった人間になってほしいものである。

第八章　QCサークル活動

職組長、さらに作業員が工程に責任を持つようになって
初めてQCは成功する
第一線の人が事実を一番よく知っている
QCサークル活動は社長・部課長の鏡である
人間性に合致しているQCサークル活動は、
人間ならばどこでも適用できる
QCサークル活動のない、TQC活動はない

一　職組長層のQC教育

一九四九年の品質管理基礎コース開設以来、われわれはQC教育に力を入れてきた。技術者に対する教育から始めて、経営者、中堅管理者等、各層に対する教育をキメ細かく続けてきた。しかし、経営者や技術者にどんなに高度な教育を施したとしても、それだけですぐれた品質の製品をつくり出せるものではない。実際に物をつくっている現場末端の人たちにしっかりしてもらわなければならない。こういうことから職組長教育が始まり、これが雑誌『現場とQC』(現在の『QCサークル』)の創刊(一九六二年四月)につながり、QCサークルの誕生を見るに至った。この辺の事情については、第二章で述べたので、本章ではQCサークル活動に絞って、観点を変えて述べておこう。

さて『現場とQC』の発刊に当り、私は編集委員長として次のような方針を出した。

① 現場の第一線監督者の管理・改善能力向上のための手法の教育・訓練・普及に役立つやさしい内容とする。

② なるべく多くの職組長、作業員のかたがたに読んでいただくため、個人で買えるよう、

安い価格とする。

③　現場で、職組長を長とし、部下の作業員まで含めたグループをつくり、これにQCサークルという名前をつける。QCサークルは、この雑誌を中心に勉強していくとともに、現場の問題を解決し、これが現場の品質管理活動の核となって活動する。

これが発端になって現在のQCサークル活動が始まったのだが、このとき、同時に私は次のことを強調した。すなわち、QCサークルは上司の命令で行うものではなく、自主的に行ってほしい。自主的にやりたい職場だけでやってほしい。極端な言い方をすれば、やりたくない人はやらなくてよろしいということである。そして、QCサークルを結成したら、雑誌に登録してほしい。登録したサークルは誌上に発表する。雑誌に自分たちの名前が掲載されることにより、自信をもつだけでなく、責任も感じてもらおうということであった。こうして始まったQCサークルは、一九八一年九月十日現在、登録されているだけで十二万四千七百二十一サークルに及んでいる。未登録サークルは一体いくつになるか、正直のところ、正確にはわからないが、この十倍くらいの数になっていると思っている。

この間、QCサークル活動を全国的に正しく推進・普及していくために、QCサークル本部（一九六三年）ならびに支部（現在は八支部）を設立（一九六四年）、組織を整備するとともに、自己啓発の場として、雑誌・図書の発行、スライドの作成、セミナー・講習会、通信教育など、つぎつぎと行ってきた。相互啓発という言葉はわれわれがつくった言葉であるが、その場として(QCサークル活動そのものも一つの相互啓発の場である)、職組長品質管理大会、QCサークル大会、QCサークル交流会、洋上大学、海外へチームの派遣等々を行ってきた。QCサークル活動が現在のように大きな成功をおさめた原因は、こういう努力を続けてきたからである。

二 QCサークル活動の基本

QCサークル活動が盛んになり、数も急増してくると、中には名前だけはQCサークルでも内実は似て非なるまがいものも現れてくる。QCサークルとは何か? その目的は? など、QCサークルの正しい方向づけと推進上の思想統一を行うために、QCサークル本部が中心になって『QCサークル綱領』(一九七〇年)、『QCサークル活動運営の基本』(一九七一年)の二冊をまとめ、QCサークル活動のバイブルとして出版した。なお、最近海外でもQCサークル熱があがっているので、このバイブル二冊を英訳出版する。この二冊の図書は、QCサークル活動の基本を示したもので、各サークルが一冊ずつ購入し勉強してほしいという趣旨でまとめ

たものである。この中からQCサークルの基本的な考え方を紹介しておこう。

（一九九六年五月に改訂された『QCサークルの基本』に合わせて著作権者の了解を得て改訂しました。）

「QCサークルとは、
　第一線の職場で働く人々が
　継続的に製品・サービス・仕事などの質の管理・改善を行う
小グループである。
この小グループは、
　運営を自主的に行い
　QCの考え方・手法などを活用し
　創造性を発揮し
　自己啓発・相互啓発をはかり
活動を進める。
この活動は、
　QCサークルメンバーの能力向上・自己実現
　明るく活力に満ちた生きがいのある職場づくり
　お客様満足の向上および社会への貢献
をめざす
経営者・管理者は、
　この活動を企業の体質改善・発展に寄与させるために
　人材育成・職場活性化の重要な活動として位置づけ
　自らTQMなどの全社的活動を実践するとともに
　人間性を尊重し全員参加をめざした指導・支援
を行う。

QCサークル活動の基本理念

全社的品質管理活動の一環として行うQCサークル活動の基本理念はつぎの通りである。

・人間の能力を発揮し、無限の可能性を引き出す
・人間性を尊重して、生きがいのある明るい職場をつくる
・企業の体質改善・発展に寄与する。」

以上がQCサークル活動の基本的な考え方であるが、この他に、QCサークル活動の心がまえとして以下の十項目をあげている。すなわち、①自己啓発、②自主性、③グループ活動、④全員参加、⑤QC手法の活用、⑥職場に密着した活動、⑦QCサークル活動の活発化と永続、⑧相互啓発、⑨創意工夫、⑩品質意識、問題意識、改善意識である。

これらの項目の中に、QCサークルの基本精神のすべてが含まれている。詳しくは『QCサークル綱領』『QCサークル活動運営の基本』をお読みいただくとして、このうちのいくつかについて、私の考えるところを述べておこう。

自主性

戦後の日本人、特に若い人を見ていると、甘ったれが多く、人に言われれば仕方なくやるけ

れど、言われなければやらないという自主性のなさ、無気力が目につく。人間性というのは、専門の学者に言わせればいろいろあるだろうが、私は技術者であるから簡単に考えている。それは、機械や動物と人間は違う。その違いの第一は、人間は自分の意志をもっており、自主的に自分の意志でやっていく。人にいわれてやるのなら、機械・動物と同じである。第二に頭を使う。いろいろ考えて、知恵、アイデアを出す頭脳をもっている。この二点である。

したがって、われわれがQCサークル活動を始めたとき、最初に考えたことは、これは人間性尊重の基盤に立った活動であるから、自主性を尊重しよう、自主性を生かした活動にしたいということであった。だから先にも述べた通り、この活動は自主的にやりたい人はおやりなさい、やりたくない人はやらなくてよい、上からの命令でやるのではありませんよ、ということを強調したのである。もちろん、企業の中の活動であるから、何でも自由に好き勝手にやってよいということではない。社会の一員として、日本人の一人として、企業の一員として、そのルール、方針の下においての自主性である。いろいろな企業があるから、中には自主性ということを忘れ、トップダウンで、命令でQCサークルをやらせているところがある。当初はある程度、トップのリーダーシップで始めることもやむを得ないかも知れないが、これは可及的速やかに、自主性を発揮できるような方向に軌道修正する必要がある。

民主的経営の理想の姿は、ボトムアップとトップダウンがうまくかみ合って運営されていく状態である。どちらか一方だけでは、決してうまくいかないものである。

自己啓発

文字通り、自分で勉強しようということである。われわれは全社的品質管理を推進するのに、教育・訓練を重視して、人間の能力を高めることに力を注いできた。日本人は教育レベルが高く、教育・訓練し、自学自習していけば、どんどん能力は向上していくのである。ところが、せっかく良い中等・高等教育を受けておりながら、学校を出たとたん、勉強しなくなってしまう人が多い。大学生に、卒業のとき「これからが本当の勉強だ」というと「先生、大学をでても、勉強するのですか」というわからずやがいる。

教育・訓練と並べているが、どちらか一方だけでも困る。たとえば、欧米など training という言葉を用いて技術訓練にのみ力を注いでおり、そこに問題がある。

相互啓発

QCサークル活動を始めて以来、相互啓発をわれわれは言い続けてきた。狭い職場という井の中にいる人たちを大海に引っぱり出して、狭い視野でものを見ないで、広い視野で、企業全体の立場で、さらに国際的視野でものを見たり、考えたりする人間になってほしいと考えたからである。他の職場の人たち、他の企業の人たちと切磋琢磨してほしいということである。そのために、QCサークル大会やQCサークル交流会(異企業の間におけるQCサークルの交流。具体的には相互の職場を訪問見学し合い、それぞれの問題を提出し合って討論していく)、あるいはQCサークルの海外派遣チーム、セミナー等々を準備した。

上司に言われたのではQCサークル活動をやる気になれない人でも、こういう相互啓発、交流の場で大変な刺激を受けて、「これは、いけない、俺たちもやろう」ということになる。部課長は、リーダーやメンバーにつまらない説教をするよりは、相互啓発の場へどんどん出席させて、自ら悟らせる方向に努力した方がよい。日本のQCサークル活動がこれほど盛んになった大きな原因の一つに、相互啓発の場をわれわれが準備し、盛んに行ったことがあげられる。人間は自分でやらなければならないと悟らないと、人にいくらいわれてもやらないものである。

全員参加

ここでいう全員参加とは、ある職場にいる六人なら六人の人が、全員QCサークルに参加するという意味である。全社の全従業員がQCサークルに参加しなければならないという意味ではない。

全社的品質管理は、全従業員、全部門の参加する活動であるが、このことは、社長以下全部門の全員がQCサークルをつくって、QCサークル活動を行うということではない。全社的品質管理活動においては、QCサークルをつくって、その活動を通して全社的QCに参画すべき人たちもあれば、一方では、その上司である管理職、あるいは経営者や技術者は、その本来の職責を通じて、全社的品質管理に参画しなければならないのである。このことを混同しないでほしい。

さて、一つの職場の六人のうち一人でも参加しなければ、QCサークル活動はなかなかうまくいかないものである。始めたばかりのQCサークルで、リーダーがもっとも苦心するところはこの点である。

全員参加には三段階ある。まず第一段階は、全員がサークルに参加することである。第二段階は、全員がサークル会合に出席すること。このためには全員が出席しやすい時間と場所を工夫しなければならない。最後の段階は、メンバー全員が仕事を分担して、活動を行うことである。ここまできて初めて、全員参加のQCサークルになったといえる。

永続性

QCサークルは一時的なものでは決してない。職場があり企業があるかぎり、永遠に続けていくべきものである。一つの改善テーマなり課題があり、そのためにチームをつくって活動し、テーマが解決すれば解散するチーム活動、これをわれわれはプロジェクト・チーム、QCチーム、タスク・フォースなどと呼んでいるが、こういうチーム活動とQCサークルは、明確に区別して考えなければならない。

一九六二年、QCサークルを提唱して以来、そろそろ二十年になろうとしている。われわれは当初から、一時的でなく、継続的に活動を続けていくのだと考えていたが、今までのところこれは実現されている。元来、QCは、企業とともに永久に続けていくべき活動であるが、これとまったく同様、QCサークルも職場ごとにつくるのであるから、職場とともに永久に続けていかなければならない。そのためにも、決して急がず、じっくり待つぐらいのつもりで、育成していかなければならない。長く続けているうちには、スランプもあり、やめたい気分の起こるときもあるはずである。そこを乗り切って、一段、レベルの高いQCへ進んでほしい。

QCサークル本部長賞という表彰制度が一九七一年に設けられ、毎年十一月、全日本選抜Q

Cサークル大会において、全国各支部より推薦された十四サークルに金賞、銀賞が授与されている。このときの評価基準で最も高い比重を占めているのがQCサークルの永続性である。本部長賞の規定では、最低三年間以上、活動を続けてきて、絶えざる努力によりメンバー一人当り二件以上、六人のQCサークルならば十二件以上のテーマを解決したサークルということになっており、現実に賞を受けたサークルは、コンスタント・ピッチで目標をつぎつぎと達成してきた貴重な人生経験をふんだサークルである。

三 QCサークル活動の始め方

本節ではQCサークル活動を始めるときの注意事項を簡単に述べるが、その前に全社的品質管理活動との関係について触れておこう。

QCサークル活動を行う前提として、企業として全社的品質管理活動を実施していること、というのがある。歴史的には、全社的品質管理を実施して、その後、QCサークル活動を始めたものであるが、最近は、中小企業や銀行、流通、ホテル等々のサービス業など、むしろQCサークル活動から入って、徐々に全社的品質管理に持っていこうとする企業もある。

業種、業容によっていろいろな事情があり、もちろんQCサークル活動から始めてもよい。QCサークル活動は、あくまでも、全社的品質管理活動の一環として存在するものであって、全社的品質管理と切り離して存在できるものではない。そういう意味から、たとえQCサークル活動から入るとしても、いずれは全社的品質管理活動へつなげていく具体的展望のないところでは、一時的には成功するようにみえても、QCサークル活動は決して永続きしないし、本当の意味で成功もしないのである。末端の人たちが一所懸命努力して、QCサークル活動を行っているのに、トップ、部課長、スタッフが当然行うべき全社的品質管理をやっていないようでは、QCサークルの人たちも張合いがなくなってしまうであろう。

さて、QCサークル活動を始めるステップであるが、私は次のように考えている。

① 経営者、部課長、QC担当者が、QCおよびQCサークル活動について勉強する。

② QCサークル大会に出席したり、既にQCサークル活動を実施している他企業や職場を見学する。このとき経営者、部課長、QC担当者が見学に行くのは当然として、より重要なことは、将来QCサークルリーダーとなるべきすぐれた職組長と一緒に行くことである。

③ 社内におけるQCサークル推進者を決定し、勉強させ、QCサークルリーダー、メンバー教育用の簡単なテキストを作成する。

④　サークルリーダーになるべき人を募集して、QCおよびQCサークル活動について教育を行う。この際、あまりむずかしいことまで教育してはならない。QCサークル活動の基本は当然として、品質の考え方、品質保証の考え方、管理・改善の考え方と進め方(PDCA)、統計的な考え方に、QCの七つ道具のうち、特性要因図、パレート図、ヒストグラム、チェックシート、層別くらいでよい。それ以上の手法の教育は、QCサークル活動がある程度活発になってきてからでも遅くない。

⑤　リーダーが職場に戻って、部下と一緒にQCサークルを結成する。このとき人数は十名以下にする。できれば三〜六名がよい。人数が多いと、全員参加の活動がむずかしくなる。

⑥　QCサークルリーダーは、最初のうちは職場の長(職組長など)がよいが、ある程度進んでくると、リーダーを互選にするなど、職制にこだわらずきめていくのがよい。サークルが大人数でスタートした場合など、当然細分化し、サブ・サークルさらにミニ・サークルなどをつくり、リーダーも交代制にするなどの工夫をする。

⑦　リーダーが勉強してきたことを自分で部下にゆっくり教える。この際できるだけ自分の職場の問題、データを用いて説明する。必要があればQCサークル推進者が教育を手伝ってもよいが、メンバー教育はなるべくリーダーにやってもらいたい。教えることは学ぶこ

とに通じ、メンバーに教えることによって、リーダー自身の勉強になるからである。

⑧　勉強の結果、一応のことが理解できたら、自分たちの職場の問題点から、身近な共通の問題をテーマとして選定して活動に入る。テーマは自主的にリーダー、メンバーで相談してきめる。最初のうちは、なかなか要領がつかめずうまくいかないもので、上司や推進者に相談するケースもあろうが、自主的にということが原則である。こうして決定したテーマは、上司の承認を受けておく。自分の職場の問題を自主的に見つけられないようでは困る。QCサークル活動が活発になってくれば、問題はどんどんでてくるものである。

四　QCサークル活動の進め方

QCサークルを日本全体で推進していく場合、①国全体の推進をどうするか、②企業としてどうとりくむか、③個々のQCサークルとしてどう進めるかの三点を考えておかねばならない。

国としてどうとりくむか

日本の場合、QCサークル本部、支部の全国的推進組織がある。全国的組織といっても政府や役所には全く関係なく、いわば自主的民間組織にすぎない。最近、QCサークルを導入する国が増えているが、なかでも、韓国や中国など政府の主催で表彰制度を設けてやっているところもある。それぞれの国によって事情が異なり、何とも言えないが、日本の場合は、民間有志が集まって、国と関係なく進めている。

また、欧米では、コンサルタントが商売としてやっており、QCサークル本部のように、常に研究・検討し、いろいろな計画や行事をやっていない点が心配である。

QCサークル本部では、QCサークルをどう進めていったらよいかを研究したり（QCサークル支部長会議、QCサークルシンポジウムなど）、綱領などの基本図書を出版したり、相互啓発の場であるQCサークル大会、洋上大学、海外派遣チームなどの各種行事を主催し、あるいはその開催に協力している。

なお一部に誤解があるようなのでつけ加えておくが、QCサークル本部は、QCサークル活動の本部であって、全社的品質管理活動の本部ではない。全社的品質管理活動に関していえば今のところ国全体の本部はなく、QC関係者が、日本科学技術連盟や日本規格協会と協力して推進しているのが実情である。

企業・事業所としてどうするか

ＱＣサークル推進担当部門をきめ、誰が責任者となるか、明確にしておかなければならない。この場合、社内ＱＣ推進部門に、ＱＣサークル活動の推進を兼任させるのがよい。全社的品質管理はＱＣ部門が、ＱＣサークルは勤労部門がという分担は、本来の趣旨からいっても、あまりすすめられない。

ここで、社内教育計画を立案したり、社内ＱＣサークル大会や交流会を計画したり、表彰制度、提案制度などを整備する。社外への派遣も、ここが中心になって計画的に行っていくことになる。ＱＣサークル活動が成功するか否かは、トップの決意と推進担当者の人選と情熱にかかっている。ＱＣサークル活動が成功し、大きな成果を、継続的に上げている企業では、必ずトップが熱心で、社内大会にも出席している。また必ず優秀な推進者がいるものである。そういう意味からも、推進者を誰にするかは非常に重要で、良い人を選ばないと失敗する。

ＱＣサークルではどうするか

個々のＱＣサークルは、日常、自分たちの直面する問題の中から、自主的にテーマを選び、その問題解決にとりくんでいくことになる。このとき大変役に立つのがＱＣストーリーである。

QCストーリーとは、

①テーマの決定（目標をたてる）
②テーマをとりあげた理由
③現状の把握
④解析（原因の追究）
⑤対策を考え、実行する
⑥効果の確認
⑦標準化・歯止め・再発防止
⑧反省・残った問題点
⑨今後の計画

以上の九つのステップである。QCストーリーは、元々、QC的に報告する際の手順として整理されたものであるが、このステップを忠実に追って、解決していけるということから、問題解決の手順としても使われるようになったものである。

QCサークルはこのステップに従って活動を進めていき、目標を達成すれば、QCサークル大会などで体験談としてその活動経過を発表する。発表はもちろんこのステップに従って行う。

従来の企業内での報告は、結果よければすべてよしということで、結果だけを報告していることが多い。われわれは、これを業務報告といっている。ＱＣ的な報告では、ＱＣストーリーの②③④⑤と⑦を重要視している。

ＱＣでは、結果も大事だけれど、プロセス(工程)はもっと大切であると考えている。具体的には、目標達成・問題解決のやり方・進め方が解析的であるかどうか、科学的かどうか、その努力・工夫・熱意・執念はどうかということである。経験と勘と度胸だけでは、仮にあるときは成功しても、再現性がなく、再発防止もはかれない。そういうことからも、ＱＣストーリーに従って活動することがよいのである。

こうやってテーマをつぎつぎ解決していくうちに、従来、勉強した特性要因図やパレート図だけではもの足りなくなってくる。こうなって初めて、さらに勉強したくなり、ＱＣ七つ道具のすべてをマスターするとか、さらに高度の手法を勉強するとか、物理・化学・電気など、直接関係する知識を勉強していくことになる。

ＱＣサークル活動は、問題を解決したという実際的な経験が非常に重要で、これにより人間はどんどん成長するものである。さらに新しい知識に対する勉強をくり返すことにより、どんどん力がついてきて、大卒の技術者が解決できなかったような問題も解決し、人間能力をどんどん発揮できるようになり、成長していくものである。

五　QCサークル活動の評価

QCサークル活動の評価は、その結果・成果だけで行ってはならない。特に金銭的効果は、職場によって非常に違ってくるので注意する必要がある。たとえば、量産を行っている現場では、少し努力しただけで、年に何億円もの効果をあげることもあるが、事務部門が伝票の合理化をはかっても、金額的には、数十万円くらいの効果しかだせないこともある。また、今まで何もやっていなかったところでは、QCサークル活動をちょっと始めただけで何百万円という効果をあげることもできるが、数年間にわたる地道な管理・改善活動を進めてきたところでは、相当の努力を払っても、なかなか具体的金銭効果に結びつかないこともある。

評価はむしろQCサークル活動の進め方の工夫、問題解決にとりくむ姿勢・努力、チームとしての協力度などに重点をおかなければならない。評価の重みづけの一例を示す。

テーマ選定　二〇点

サークルの協力・努力　二〇点

現状把握と解析のやり方　三〇点
効果　一〇点
標準化と再発防止　一〇点
反省　一〇点
計　一〇〇点

この例でもわかるように、効果にはわずか一〇点しか与えていないのである。

六　QCサークル活動と職制

ここでいう職制とは、経営者、部課長、技術者など、QCサークルの上司やその周辺にいる人達のことをいう。これら職制の人達をQCサークルのPTAといっているが、このPTAの人達が、QCサークル活動に理解をもち、これを援助していかなければ、継続的に推進・育成していくことはできない。QCサークルは自主的活動であり、職場長や作業者が、自分の意志で自発的に行うものであるといっても企業内の、組織内の活動である以上、職制の人達がQCサークルに理解をもち、これをバックアップしていかなければ活発にはならないものである。

QCサークル活動は経営者、部課長の鏡であるといっている。社長が熱意をもっていれば、その企業の活動は活発になるし、部課長に理解のないところでは、その部門のサークル活動は衰退してしまう。

職制として注意すべき事項を、私は次の通り考えている。

① 品質管理・全社的品質管理を十分勉強し、理解していること。全社的品質管理活動の一環として、職制自身が行うべきQCを実行していること。

② QCサークル活動の基本・実態をよく理解し、そのリーダーシップをうまくとり、バックアップすること。QCサークルの実態にふれるためには、社内はもちろんのこと、社外のQCサークル大会や交流会に参加し、他社の活動状態を肌で知ることがよい。

③ QCサークルが自主的活動であることをよく理解し、自主性を尊重しながら、あまり口出しをしないで、ゆっくり推進すること。人間を信頼して、性善説的な考え方で推進することが大切である。

④ QCサークル活動は、人間性を尊重し、人間の能力発揮のために行う活動である。これが結果として、個人にも、部門にも企業にもプラスになるのである。企業の利益のためにのみ行うのではない。

⑤　QCサークル活動は職場とともに永続的につづける活動である。一時の流行ではない。

⑥　QCサークルへの期待・関心を態度で示すこと。ただやれやれと言うだけでは駄目で、方針の明示、システムづくり、たとえばリーダー会・世話人会の設立、教育計画、部門内サークル大会、あるいは社外への派遣など、具体的に計画し、実行しなければならない。

⑦　QCサークル会合は少なくとも月二回、できれば週一回は開きたい。月に一度も開かないようではスリーピング・サークルと言わざるをえない。ところが、サークルでは開きたいといっているのに「この忙しいときに会合どころではない」とこれに水をぶっかけている職制をみかける。忙しいときこそ会合を開いて、忙しさの原因を根本から解決していきその忙しさを解析してゆく態度が必要である。

⑧　QCサークル活動は日常業務と一体のものである。日常業務とは別の余分の仕事と誤解している人もあるが、これは間違いである。職制の正しい指導が必要である。

⑨　QCサークル活動を始めたら、すぐに効果があがると思ったり、効果ばかりをねらってはならない。まずは勉強から始め、サークル活動により、職組長、作業者に力がついてくれば、結果として効果があがってくるものである。ねばり強く、気長に育成・推進していかなければならない。

⑩　職制としてなすべきことは多い。サークル結成の手助けやテーマの承認、各サークルの活動計画や報告書のチェック、会合のための場所や時間づくり、資料づくりへの協力、時間外手当などの配慮、その他表彰制度や提案制度の整備等々。

あげていけばまだまだあるだろう。くり返すようだが、大切なことは、QCサークルのような自主性を尊重した活動は急いだら必ず失敗するということである。気長に、ゆっくり育てていってほしい。

さてもう一つ、欧米の管理者の中には、QCサークルが活発になってくると、自分の権限が奪われて、自分の仕事がなくなってしまうというようなケチな考えを持つ人がある。もちろん、日本にはそんな人はいないと信ずるが、大した能力もなく、勉強もしない管理者であれば、QCサークル活動のレベルが上がってくるにつれ、多分なすべき仕事はなくなってしまうだろう。昔、QCサークルを始めたころ、われわれがよく言ったことは、職場のこまごました問題はQCサークルに任そうではないか。QCサークルの人たちにしっかり勉強してもらって、職場を引き受けてもらおう。その代り技術者や管理者は、職場の問題から解放された時間でその本来の仕事、たとえば、方針管理や品質保証の問題、あるいは新製品開発や技術開発など、将来の前向きの仕事に専念してもらおうではないか、ということであった。

七　米国のZD運動はなぜ失敗したか

一九六二年、日本のQCサークル活動に少し遅れて、米国ではZD(Zero Defects, 無欠点)運動という小集団活動が始まった。国防省が、ZD運動を行わない企業からは調達しないなどという方針を出したものだから、一時は盛んだったが、現在はまったく消えてしまった。今や米国では、QCサークルが大流行しそうな気配である。

米国のZD運動は何故失敗したのだろうか。私なりの解析を述べておきたい。一九六五年に米国のZD運動を見て、これは失敗するぞと思ったが、やはりその通りになってしまった。他山の石として、同じ過ちをくり返さないでほしい。

① ZD運動は単なる精神運動にすぎなかった。一所懸命やれば無欠点が実現できるはずだという精神運動にすぎなかった。

② そのため、QC手法の教育もせず、手法なしの道具なしの無手勝流の運動だった。科学的でなかったわけである。

③ 作業標準通りきちんと作業すれば、よいものができるはずだと考えていた。何度も述べ

てきたように、私の経験では作業標準は常に不完全なものである。作業標準の不備な点を熟練でおぎなっているのである。QCサークルでは、サークル自身が常に作業標準を見直し、こうして改訂した標準を守っていく。守っていく中で、また不備なところを見つけて改善する。このくり返しを常に行っており、これが技術の進歩を生み出している。

④ 米国ではテイラー方式の考え方が強いことも影響している。技術者が標準をつくり、作業者はただその通り実施するだけでよろしい、という考え方である。人間を機械として扱うに等しく、人間性を考えていないのである。

⑤ 上から強制して、命令して、一斉に始めるキックオフなどというやり方にも現れている。

⑥ 不良、欠点の生ずる責任をすべて職場の作業者におしつけている。作業者の責任は四分の一か五分の一で、残りは経営者の責任、管理者の責任、スタッフの責任である。本来、作業者の責任でないものまで、現場におしつけられたのではうまくいくはずがない。ちなみに米国のジュラン博士も、米国においては、作業者の責任は五分の一にすぎないのに、その責任を全部現場に押しつけているという理由でZD運動に批判的であった。

⑦ 見せるための運動になってしまった。ZD運動をやっていないところからは購入しないという方針を国防省が出したものだから、形式をそろえることだけが優先してしまった。

⑧　日本のQCサークル本部のような全国推進組織がなかった。だから、QCサークル大会などの相互啓発の場がなく、それぞれが勝手な運動に走ってしまった。

八　世界のQCサークル活動

QCサークル活動は、一九六二年四月、日本でわれわれが始めた活動であるが、現在、欧米をはじめ、世界各国からうらやましがられている活動でもある。

当初、私は、社会的・文化的・宗教的バックグラウンドが違うので、日本でしか行えない活動ではないかと考えていた。できるとしても、せいぜい漢字国民である台湾、韓国、中国ぐらいであろうと思っていた。事実、台湾と韓国では十年以上前からQCサークル活動を導入し、全国大会も行われるまでになっている。(中国では少し遅れて一九七八年から始められた。)

ところが、日本のQCサークル活動が世界に知られるにつれ、活動を始める国がふえてきた。私の知っているだけでも、フィリピン、タイ、マレーシア、シンガポールなどの東南アジア諸国、五、六年前からは米国、ブラジル、スウェーデン、デンマーク、オランダ、ベルギー、一九七七、七八年ごろよりメキシコ、英国等でそれぞれ始まっている。現在、世界的なQCサークルブームになっているので、一体何カ国で行われているのか、よくわからないのが実情である。特に大学出にエリート意識、階級意識が強く、一方、職種別労働組合の強い英国など、とてもできないと思っていたが、一九七九年、ロンドンに行ってみると、ロールス・ロイス社のジェット・エンジン部門でQCサークル活動を始め、見事成功していた。

ただ、海外におけるQCサークル活動を少し詳しく見てみると、日本のように同じ職場内の人間がグループをつくるというよりは、ややQCチーム的に、いろいろな職場の人や技術者が入って結成しているケースもある。このままでは将来どうなるか、特に職場の全員参加とか継続性という点で気になるところがある。まして、日本のように、品質第一主義の全社的品質管理活動を行っておらず、単なる作業者のモラールアップ運動の一つとして導入したようなところでは、どうなるだろうか。もちろん、国によりそれぞれの事情が異なり、日本とまったく同じ形にならなければならない理由もないが。

こうした懸念材料がないわけではないが、必ずしも日本人でなければできない活動でなかったことは事実によって証明されている。そこで、最近、私は考え方を変えた。「人間は人間である。QCサークル活動のような人間性に合致した活動は、人種、歴史、社会体制、政治体制にかかわりなく、その基本理念を守って実行すればどこでも成功する」ということである。

第九章　外注・購買管理

外注・購買の基本方針はあるか
外注管理がうまくいかない責任の七〇パーセントは大企業にあり
品質保証の責任は売手・生産者にある
無検査購入が原則

一　買手と売手の品質管理

日本の工業においては、平均して製造原価の約七〇％の原材料、部品を他の会社（以下売手という）から購入している。したがって、その原材料、部品の品質、価格、量（納期）が適正でなければ、購入者・組立企業、すなわち買手は、良い品質の製品を生産することはできないし、消費者に対して、品質を保証することもできない。したがって買手にとって、原材料、部品、すなわち売手のQCが非常に大切になってくる。

日本の自動車産業も電機産業も、一九五〇年代には、売手に中小企業が多く、QCも十分に実施されていなかったので、品質も悪く、原価も高く、大変な苦労をしたものである。買手が売手を選定し、また売手がQCをしっかり実施したことが、現在の世界一の品質で、信頼性の高い、価格も安い製品を生み出したのである。

日本の製品の良さを支えている一つの大きな要因は、本章でいうところの売手のレベルの高さであり、売手・買手が一丸となって、全社的品質管理活動にとりくんできたからである。

先にも述べたことだが、米国企業など、売手を信用しないのか、信用できないのか、自社内で何でも生産してしまおうというところもある。たとえば、フォード自動車は製鉄所を持っているが、これがお荷物になっている。一九七八年、中国を訪問して驚いたことの一つは、多くの工場で「うちは総合工場です。潜在能力をもっています」と自慢していたことである。そして仕掛品を必要以上にたくさん持っており、一方、余分な機械をもっていた。何を称して潜在能力というのか。どうも余分に原材料があり、機械が遊んでいることをいうらしい。しかし、潜在能力とは、未だ十分にその能力を発揮していない、ということにすぎないのである。ノルマ達成が心配だから余裕をもっているというのが実情のようだった。

これは余談になるが、当時の中国国家計画委員会、経済委員会の幹部の方々に「現在、計画している約六十の大型プロジェクトも結構なことだが、その前にやっておくべきことがあるのではないか。現在の工場もうまく管理できない段階で、新しい工場をつくっても、それをうまく動かすことができるのだろうか。むしろ、QCをしっかり行って、現在の潜在能力を十分に発揮できるようにすれば、あまりお金もかけずに、生産を少なくとも一・五倍、うまくすれば二倍にできますよ」と話したのである。これは何も中国だけの話ではない。途上国でも、設備投資などで最新鋭の機械を導入しても、それを受け入れる基盤がしっかりしていなければ、いわば宝のもちぐされにすぎず、かえって始末に困っている例はいくらでもある。

一方、総合工場ですといっている意味は、外注・他企業は使わずに全部自分の工場でつくっているという意味である。その理由は二つあるようだ。その第一は、中国は流通機構が悪いので、なかなか鋳物や部品が入ってこないので、全部自分のところでつくってしまおうということらしい。第二には、もし戦争が始まったときに、中国は広大なので、どこでもアミーバ状に生きられるようにしようということらしい。日本では、東京でつくって名古屋にはこんだり九州でつくって大阪にはこんだりしている状況で、高速道路や鉄道などを爆撃されたら、生産は麻痺してしまって、この面から見ても、とても戦争などできない国である。

そこで、中国の国家計画委員会・経済委員会の幹部の方々に、総合工場では能率もあがらないし、品質もよくならない。中国は広いから全国的には無理であるが、各省市では、たとえば上海市では、部品や鋳物の専門メーカーをつくり、これを供給するようにした方がよいとおすすめした。そのためか、最近中国で、専業化(専門メーカーをつくろう)と協業化(協力工場とよく連絡をとってやろう)ということがいわれだしている。

一方米国でも、他社を信用しないためか、やはり自分のところで何でもつくりたがる傾向があり、製造原価の平均五〇%くらいしか購入していないようである。国により事情が違うのではっきりはいえないが、日本のように七〇%くらいを専門メーカーから購入した方が、品質面からも、コスト面からも、技術の蓄積という面から見ても、よいのではないかと思っている。

前記のフォードの鉄鋼部も、最近日本の製鉄会社に技術協力をもとめてきている。

さて、話を戻すが、私はいつも、経営者の方々に、外注・購買管理について、長期的基本方針をまず明確にしなさいといっている。つまり、

① 専門メーカーを選定して、そこから購入するのか、あるいは自社で生産するのか、内外製区分をはっきりさせる

② 外注工場(売手)を専門メーカーに育成して、自主的経営を行わせ、他社へもどんどん販売させるのか、あるいは系列会社として、自社の完全な子会社として、買手が責任をもって経営していくのか

の二点である。買手の立場でいえば、以上二点をまず明確にした上で、つまり買手・売手の関係を明確にした上で、外注・購買管理にとりくまなければならないということである。大分昔に、国鉄の資材局のお手伝いをしたことがある。このときに、たとえば塗料については、多くの塗料メーカーがあり、国鉄の使用量は全国の使用量の一部にすぎないから、塗料メーカーを選定して購入する。一方、車両工業などは国鉄が育成していかなければならないものであり、この両者を同じように扱ってはならない、とお話したことがある。

二　買手と売手の品質管理的十原則

買手と売手の関係の不合理な点を修正し、品質保証の向上のために作成したのが下記の十原則である。これは最初一九六〇年の品質管理大会で作成し、一九六六年に改訂したものである。この原則は今でも通用するものと信じている。十年ほど前に米国でも紹介したが、強い関心をもっていた。

前　言　買手と売手は相互に信頼し、協力し、共存共栄の理念と企業の社会的責任感に徹し、下記の原則を誠実に実行しなければならない。

第一原則　買手と売手は、相手の品質管理システムを相互に理解し、協力して品質の管理を実施する責任がある。

第二原則　買手と売手は、おのおの自主性をもち、かつ相互に相手の自主性を尊重しなければならない。

第三原則　買手は売手がなにを作ったらよいかがはっきりわかるような要求を、売手に提供する責任がある。

第四原則　買手と売手は、取引の開始のときに、質・量・価格・納期・支払条件などについて、合理的な契約を結んでおかなければならない。

第五原則　売手は、買手が使用上満足できる品質のものであることを保証する責任がある。またそれに必要な客観的なデータを必要に応じ提供する責任がある。

第六原則　買手と売手は、両者が満足するような評価方法を契約のときに決めておかなければならない。

第七原則　買手と売手は、両者間のいろいろなトラブルを解決する方法・手順を、契約のときに決めておかなければならない。

第八原則　買手と売手は、相互に相手の立場に立って、両者が品質管理を実施するのに必要な情報を交換しなければならない。

第九原則　買手と売手は、つねに両者の関係が円滑にいくように、発注・生産・在庫計画・事務処理、組織などを十分に管理しなければならない。

第十原則　買手と売手は、取引にさいし、つねに最終消費者の利益を十分考えなければならない。

三　原材料規格、部品規格

製品を生産する以上、売手と買手の間で、それに必要な部品や原材料の規格をきめなければならない。この規格のきめ方は、品質解析、工程解析を行って、経済性を考えて、統計的にきめなければならない。このきめ方については、専門的になるので、本書では割愛するが、ただ、検討すべき事項は、

① まず、原材料規格、部品規格があるかどうか。なければ作成することになる。
② それがあれば、次にその規格でよいかどうかの解析を行う。
③ 品質解析や工程解析(工程能力調査を含む)を行って、あるいは不良品、手直し品、消費者からの苦情や不満を調査・分析して、絶えず、その規格の改訂を行っていく。

ということになる。何度も述べたことだが、国家規格にせよ、社内規格にせよ、決して完全なものではない。消費者の要求は常に高くなっていくものなので、現状に甘んじていると、消費者に満足してもらうことはできなくなる。売手・買手の努力によって、つねに改訂・改善・向上させていかなければならないのである。現在でも原材料規格が不適当なもの、あるいは規格

に合っていないものを購入している例が多い。部品を購入している企業には、私はこうおすすめしている。「部品を百種類くらい選定し、そのすべての寸法を全部はかって、図面と比べてみてごらんなさい。おもしろい結果が出ますよ」と。

四　内外製区分

内外製区分とは、原材料、部品などを自社内で生産するのか、他社から購入するのかを決定することである。内製とは自社で生産することであり、外製とは他社から購入することである。この決定は企業としてきわめて重大な決定で、長期的視野で経営者が決定しなければならない。この決定に当って考えておかなければならないことは、次の事項である。

① その原材料・部品が、自社にとってきわめて重要なものであるのかどうか。

② それを自社で生産する技術をもっているかどうか、工程能力があるかどうかの調査。経営者として、将来、その技術を自社で確立する必要があると考えるのかどうか。それに対する人材の採用・育成、投資資金等の可能性の調査。

③ その原材料、部品を生産する専門メーカーがあるかどうか、あったとしてそのメーカー

が自社で期待するだけの工程能力をもっているかどうかの調査と選定。

④　専門メーカーがない場合、それを育成していくかどうかの決定。二十数年前には、日本の自動車工業、電機工業も大変苦労したが、この専門メーカーを育成することによって、現在の地位を築いたのである。

⑤　以上のことを、原価・量および技術の蓄積という点からも検討すること。

普通、このような検討を生産技術部あるいは購買部が実施して、案をつくり、最終的に経営者が決定することになる。

五　売手の選定と育成

他社から購入する場合、買手はどこから購入するか、売手を選定しなければならない。そのためには、売手の経営管理、特に品質管理の状況を調査・診断しなければならない。

この場合、売手を自由に選定できる場合と、選定できない場合がある。選定できない場合とは、自社で生産している、自社と関係のある会社である、そのメーカーが一社しかない、政府その他の関係で、ある特定の会社から買わなくてはならない、などの場合である。私の経験では、売手と買手が自由に選択できる体制にしておく方が、長期的にみて、売手にとっても買手にとっても良い結果が得られると思っている。選択できない場合は、オンブにダッコになりやすい。

売手を選ぶ際に考慮しなければならない項目を一例としてあげると以下のようになる。

①　売手が買手の経営方針を理解し、常に積極的に連絡をとり、協力的であること。

②　売手の経営が安定し、社会的に信用があること。

③　売手の技術水準が高く、将来の技術革新に対処できる能力があること。

④　要求する原材料、部品の品質規格に合致したものを的確に供給できること。そのための工程能力をもっている、あるいは向上させる力をもっていること。

⑤　生産量に関する能力をもっていること。あるいは投資能力をもっていること。

⑥　機密保持に不安のないこと。

⑦　価格が適正で、納期が確実であること。交通・連絡に便利なこと。

⑧　契約条件の履行に誠意があること。

以上の項目を確かめるために、買手は売手を実際に訪問して、下記の項目を調査することになる(経営診断、QC診断)。この調査には、購買部門を中心として、品質管理部、技術部、生産技術部、製造部、生産管理部および経理部などが必要に応じて協力することになる。

① 売手の経営者(中小企業の場合はトップおよび二世)、幹部の経営に対する考え方。人格、識見、経営能力、品質に対する認識度。

② 買手に対する意志。

③ 売手の現在の取引先(別の買手)、できれば、そこの売手に対する評価を調査する。

④ 企業の歴史と変遷。

⑤ 生産品種。

⑥ 設備の内容、工程能力および生産能力。

⑦ 品質保証体制、品質管理教育・実施状況。

⑧ 原材料、二次外注管理の状況。

このような、調査をして、一般的には二社購買として、二社を選定する。二社購買というのは、一社だけからの購入とせず、同じようなものを二社から購入することである。その理由はいろいろあるが、一社だけでは火災、天災(風水害、地震)、人災(ストライキなど)の場合、その他いろいろな弊害の出るおそれがあるからである。

こうして選定した二社に対して、試験取引を行ってみて、その上で正式な取引に入ることになる。この場合、日本では、一社からの購入量を多くして、その会社を支配したがる傾向があるが、これでは系列化をねらっているにすぎず、専門メーカーの育成にはならず、また不況のときにどうするかという問題も残ってくる。他社へもどんどん販売させるべきであろう。米国の有名な国際企業では、世界中どこへ行っても、一社からは、その売上高の一〇%以上は購入しないという方針を出しているところもある。

試験取引――取引先である売手を決定したら、取引に対する明確な契約を締結し、原則として試験的に一定期間取引を行い、今後継続して取引していくかどうかの可能性を検討する。

正式な継続取引――購買の取引は、長期にわたって継続的に行う方が有利であるので、売手に品質・価格・納期の改善に努力してもらうとともに、買手としても、必要に応じ、売手の要望により、助言、指導を行う。そして、継続して取引を行う価値のある売手であるかどうかを常に検討しなければならない。そのためには、

① 売手の責任者と絶えず接して実情を把握する。そして、相互の信頼関係を確立する。

② 買手の受入検査の成績、納期の成績、購入品の使用中あるいは製品となってからの成績などの解析・評価を行う。

③ 売手の工場へ行ってQC診断を行うとともに、重要品質問題点を摘出し、売手に連絡す

る。場合によっては助言を行って、その解決に協力する。

④　売手について、品質管理実施優良工場表彰制度をつくり、この制度を通じて売手の品質管理を推進する。また診断した結果により助言・勧告を行う。

取引の停止——売手との取引は継続して行うのが原則であるが、場合によっては、取引を停止しなければならないことがある。たとえば、品質不良や不合格品が多く、これがなかなか減少しないとき、納期遅れが長く続くとき、コストダウンが思うように行えないとき、売手の経営が危くなったときなど、取引を停止するのが原則である。外注・購入管理についていえば、よい売手はどんどん育成し、専門メーカーとして育成し、どうしてもよくならない売手は取引を停止する、ということが基本原則になる。私も二十年ほど前に、四百社ほどあった外注を、三年がかりで百社にへらして成功した経験をもっている。

売手の育成——日本の場合、売手企業が弱体であることが多い。経営管理や品質管理を知らない場合には、買手が教育や指導・助言を行って、その強化・育成につとめている。たとえば、売手の経営者や部課長、技術者、QCサークルなどに対して、品質管理講習会や大会を開催して教育している。また、買手が売手企業を訪問して、QC診断を行い、いろいろ指導・助言・協力を行っている。一般に、中小企業の育成には、長期間、少なくとも三年間くらいかかるのが普通である。買手の経営者は、長期方針をきめて、長期的視野から、長期計画的に売手を育成していくことを考えなければならない。

この場合、経営の自主性という意味から、教育費用は、いっさい売手が支払うべきである。売手の経営者がQC教育費用を惜しんで参加せず、そのために倒産しても、それは売手の経営者の責任である。

なお最後に一言つけ加えておきたいことは、私の経験からいって、「外注管理がうまく行かない責任の七〇パーセントは親企業にある」ということである。

六　購入品の品質保証

売手から原材料、部品を購入する場合に、購入品に不良品が入っていたり、欠点の多い品物が入っていては、買手は、良い製品を生産し、消費者に対して品質保証することができない。特に、製造原価の七〇%を外部から購入している日本においては、購入品の品質保証が、製品の品質保証のためにも、生産計画を順調に行うためにも、生産性を向上させ、コストダウンをはかるためにも、きわめて重要である。

買手と売手の品質保証関係

売	手		買	手
ステップ	製造部	検査部	検査部	製造部
1.	—	—	—	全数選別
2.	—	—	全数選別	
3.	—	全数選別	全数選別	
4.	—	全数選別	抜取またはチェック検査	
5.	全数選別	抜取検査	抜取またはチェック検査	
6.	工程管理	抜取検査	チェックまたは無検査	
7.	工程管理	チェック検査	チェックまたは無検査	
8.	工程管理	無検査	無検査	

この買手と売手の品質保証の関係をわかりやすく表したのが表である。

品質管理が一番遅れている状態がステップ1である。売手が生産したら出荷検査もしないでそのまま出荷する。買手も、入荷したものをそのまま受入検査もしないで製造部に渡し、製造部は仕方ないので全数選別して、良いものだけを用いて組み立てることになる。ひどい場合には、製造部でも全数選別をせず、不良品があってもそのまま組み立てたりする。これでは良い製品ができるはずがないのである。

こういうことでは駄目だというのでステップ2に移る。すなわち、買手の検査部門をしっかりさせて、受入検査で全数選別して、良いものだけを製造部へ送る。しかし、こういうことを続けていても、買手にとって余分な工数がかかって大変である。売手も品質管理を行わない。その必要性をなかなか感じないからである。先にも述べたことだが「品質保証の責任は売手・生産者にある」というのが品質保証の原則である。全数選別は本来、売手が行うべきものであり、買手が全数選別を行ったとすればその費用は売手に請求すべきものである。

そこで、売手が全数選別を行うことになる。ところが、売手が全数選別を行ったとしても、その検査方法が悪かったり、売手の検査が信用できないということであれば、相変らず買手は全数選別を行わなければならない。これがステップ3であり、売手の検査が信用できるようになれば、買手はステップ4に入り、全数選別をやめて、抜取検査あるいはチェック検査でよいということになる。

ところで、「品質保証の責任は生産者にある」という原則を売手の企業内にも適用すれば、売手の製造部が責任を負うべきものであり、検査部が全数選別を行うということは不合理で、製造部が全数選別を行うことになる。これがステップ5である。このためには、生産部門の全員が、品質保証の考え方、特に消費者の要求に対して品質保証しなければならないという責任感をもつことが大切である。検査に合格すればよいとか、検査が厳しすぎて困るといっている間は、ステップ5に移ってはならないのである。

製造部門の人たちがしっかりしてくれれば、各作業員が自分のつくった製品を自分で検査して自分で品質保証するという、自主検査体制に入ることができる。自主検査にすれば、自分の生産加工したものが良品か不良品かすぐにわかり、アクションをすぐにとって修正することができる。したがって不良品や手直し品を減少することができる。検査部から翌日あるいは数日後に不良や欠点についての連絡があっても、それでは遅いのである。

ところで、製造部が全数選別しているだけでは、不良品や手直し品は減少しないし、生産性も向上しなければ原価低減もできない。そこで、ステップ6の製造部が工程管理をしっかり行って、不良を減少させることになる。この場合、工程能力が不足していて不良品がでているのであれば、もちろん全数選別を行わねばならない。工程解析を行って、工程能力を向上させなければならない。

製造部の工程管理と全数選別が信用できるようになれば、検査部は、消費者の立場にたって抜取検査を行えばよい。さらに、これが進んでくればステップ7に入り、検査部は少しのサンプルをとるというチェック検査を、消費者の立場に立って行えば、十分に品質保証できるようになる。こうなると、買手も安心して、チェック検査あるいは無検査で購入することができるようになるのである。

さらに工程解析が進み、工程能力がよくなってきて、信用できる工程管理が行われるようになれば、これは理想だが、ステップ８の売手の出荷検査も不要になり、無検査ですむようになる。しかし、人間はミスをする動物であり、ここまでいくには、なかなか時間のかかることである。

日本で売手の品質管理に力を入れだしたのは一九五〇年代の後半からである。売手がしっかりした品質管理を行うようになるには三年、五年、場合によっては十年かかる。購入品の品質保証は、ゆっくり、長期的視野で、しっかり行っていかなければ失敗するものである。

しかし、これが進んでくれば、売手も買手も検査員の人数を大幅に減少させることができ、生産性が向上し、原価低減ができ、しかも、安心して品質保証できるようになる。米国と比較して、多くの日本の工場では、保証購入制度が確立し、検査員の数が少なく、しかも十分品質保証されている。そのために日本製品の品質がよく、生産性が高く、製造原価が安いのである。

七　購入品の在庫量管理

全社的品質管理の進んだ日本の企業の購入品の在庫量は、欧米に比較して少ない。在庫量が多いということはいろいろな面において不利である。欧米で在庫量が多いのは、工場の立地条件の悪さによる遠距離輸送、ストライキの頻発、工程切替えのまずさ、購入品の品質不良、ロット不合格等々の心配があるためである。

一九七八年に中国を訪問して驚いたことは、先にも触れたが、在庫をたくさんもっており、それを潜在能力として自慢していることであったが、もう一つ、国家経済委員会の幹部の方々の口から「トヨタのかんばん方式を知っています」と言われたことである。当時の中国企業の実情では、かんばん方式はとても無理で、「QCをしっかり行わないで、かんばん方式を採用したならば、工場が止まってしまいますよ」とお話したことがある。

トヨタのかんばん方式は、トヨタ自動車とその外注工場の長年にわたる経営管理、特にしっかりした品質管理の努力の結果、実行できるようになったのである。売手の品質保証がしっかりしておらず、不良品や不合格のロットがでるようでは、かんばん方式は適用できず、もし無理に適用したら工場はストップしてしまうであろう。あるいはトヨタ自動車が頻繁に生産計画を変更し、しかも図面や材料の支給が遅れたり、外注がその変更に追いつかなければ、納期通りに部品が納入できず、かんばん方式の実施は不可能なのである。

購入の品質保証がうまくいっていないと、在庫量管理もうまくいかない。良品を購入して、購入品の在庫量をできるだけ少なくして、生産工程を止めることなく、順調に動かしていくの

が、購入品在庫量管理の目標である。このためには、
①　買手・売手ともにしっかりした品質管理を実施する。
②　買手・売手ともしっかりした量管理を実施する。
③　買手が生産計画を、あまり短期的に変更しないこと。
④　買手の注文、図面・材料支給がしっかり行われていること。
⑤　売手の、受注してからのリードタイムの短いこと。
⑥　売手において、生産計画の変更が容易に行えるような体質になっていること。
等々の項目が実施されていなければならない。以上、要するに、しっかりした品質管理、経営管理を行っておれば、うまくいくということである。

第十章　営業（流通・サービス）管理

営業はＱＣの入口であり、出口である
営業はＴＱＣの中心的役割を果たせ
営業は会社を代表してお客様に接していることを忘れるな
消費者ニーズに対応できない営業、お店は生き残れない
商品を売っているのか、置いてあるだけか、売れているだけか
値引きで売るなら営業はいらない。品質で売れ
消費者は王様。メクラの王様も多い

一　はじめに

私は、販売という言葉よりも営業という言葉のほうが好きである。販売というと「目標通り売ればよいでしょう」というように、売上高だけが任務と考えてしまいがちである。そういう意味では、業を営むということで営業という言葉のほうがよいと考えている。この言葉の中には、単に売るということだけでなく、企業としてより大きな仕事がいろいろ含まれていると考えるからである。

それはともかく、一般に販売・営業のQCというと、製造業の営業部門以外にも、いわゆる流通機構としてハードの製品を売る商事会社、問屋、小売店・スーパー・百貨店、訪問販売、通信販売なども含めて考えることができる。

さらに広義に考えて、この中に第三次産業やサービス業などを含めて考えていけば、政治家、官公庁、輸送業(鉄道、バス、航空など)、金融業(銀行、保険、証券、リースなど)、通信・情報業(電信電話、放送、広告、情報サービス、コンピュータサービスなど)、エネルギー供給業(ガス、上下水道、電力など)、厚生福祉業(病院、保健所、清掃、洗濯、理容など)、財産関係(自動車修理整備、警備保障など)、レジャー業(ホテル、飲食店、映画、パチンコ、ゴルフ場など)等々あげていけばきりがない。これらは、いずれもソフトのサービスを売っているということで共通性がある(一部にはハードの商品を売っているものもあるが)。

私は、官公庁は国民に対してサービスを行う(別のいい方をすればサービスを売っている)機関であるから、官公史などと呼ばずに、終戦後、一時呼ばれていたように、公僕(パブリックサーバント)と呼んだほうがよいと考えている。国防や警察もサービス業に入れるべきものである。ライシャワー元駐日大使夫人のはる子さんが新聞紙上で、「日本人はサービスという言葉を誤解している。ただでやってもらうこととか、おマケをつけてもらうことをサービスと思っている。サービスとは奉仕することであり、兵役につくこともサービスの一つである」と述べておられたのが印象に残っている。

ハードの商品を売るにせよ、ソフトの商品を売るにせよ、いずれの場合でも、営業のＴＱＣの基本に変りはない。これは企業のＴＱＣの基本が、どんな業種、どんな職種においても全く同じであるのと同様である。

一般に第三次産業の方々や営業部門の人たちは、ＱＣというとメーカーや製造部門の仕事と思いがちだが、これは間違いである。商品やサービスを販売している以上、その品質保証の責任は当然販売した者がもたなければならない。仕入商品であるとはいえ、流通業がそれを売っている以上、売った商品やサービスの品質保証の責任は売手である流通業にある。流通業こそしっかりしたQCを行わなければならないのである。具体的には、仕入商品の品質規格を明確にし、仕入れ先の品質管理状況を診断して仕入れ先を選定し、仕入れ先にしっかりしたQCをやってもらうよう指導し、必要があればテストあるいは受入検査を行う。さらにアフターサービスや補給部品の準備などを考えるのも当然、流通業の任務ということになる。

米国の有名なシアーズローバック百貨店などは、一九五〇年代から、専門の品質管理担当者をおき、製品規格を作成し、立派な製品試験室をつくり、品質管理をよくやっているところから仕入れている。その上で、九〇パーセント以上を自社ブランドで販売し、補給部品を数十万種類もってアフターサービスにつとめているのである。

第四章で述べたように二十年以上前から日本では新製品開発重点主義の品質保証を進めているので、新製品企画(入口)と、ビフォアサービス、販売、アフターサービス(出口)について営業部門は重要な任務をもっていることは明らかであろう。

現在、日本ではメーカーの場合でも、営業や流通機構さらに外注までを巻き込んだTQCを推進している企業が成功しているのである。

二　ＴＱＣの立場から見た営業（流通・サービス）関係の問題点

わが国の多くの第二次産業では、品質がよく、生産性が高く、したがって国際競争力が強くなっていることは先に述べた通りである。その反面、第三次産業の生産性が悪いことも周知の通りである。最近の経済摩擦において欧米諸国が日本の輸入量の少ないことに対していろいろ文句を言っている。これは彼らの努力不足が最も大きな原因である。しかし一方、日本の流通機構は閉鎖的で複雑であり、系列的、家族的で入りにくいと文句を言っているが、これも事実で、まだ封建的な面が強い。

本節ではＴＱＣの立場から見た問題点を述べることにする。

①　先にも述べたことだが、ＱＣはメーカー、製造部がやっておればよいという誤解がある。ある百貨店の仕入れ・検査担当者の話。「先生方がメーカーのＱＣの指導をしっかりやってくれないから、われわれが困っている」と。自分達が仕入れ先のＱＣを診断して、それによって仕入れ先を選定し、指導すべきことを忘れている。お客様に喜んで買っていただける製品をメーカーにつくらせ、それを売るということを忘れている。

② 一般に営業の一部の人、あるいは商業資本は近視眼的で小回りをきかせた、短期的利益に目を奪われがちである。いわゆる旧式な商人的になりやすい。長期的信用と利益を考えて、TQCを実施して、従業員とともに発展し、その利益配分と幸福を考えなくてはならないにもかかわらず。

③ お客様の利益を第一に考えて、その信頼を得るような販売活動になっていない。

④ 生産したもの、仕入れたもののみを売ることが営業の仕事と考えている。

⑤ 品質保証に対する責任感がない。

⑥ 新製品開発・企画に対する責任感がない。

⑦ 商品知識が不足している。

⑧ 販売員・セールスマンの教育、特にQC教育が不足している。

⑨ 販売というプロセスの管理をKKD（経験、勘、度胸）だけでやっており、事実・データに基づく科学的管理になっていない。言い換えると、PDCAの管理のサークルが回っていない。結果よければすべてよし、という旧式な考え方が強い。販売というプロセスについて、プロセス（工程）解析、プロセス管理という考え方がない。現象、結果のみを重視していてプロセスを重視していないために、要因、特に真の要因の解析、追求が不十分であ

る。応急処置のみで再発防止対策がとられていない。したがって、企業に営業技術が蓄積されない。売上高が減少した、値引きをした、受注に負けたなどといった場合、その要因を追求して再発防止対策をとっているだろうか。「仕事はQCストーリー的に報告せよ。」

⑩　ウソのデータ、間違ったデータが多い。

⑪　データを層別せずに「ドンブリ勘定」で見ている。

⑫　さらにいろいろな誤解がある。／QCは一部の人に任せておけばよい。／QCをやるより売りにまわったほうがよい。／忙しくてQCなどできない。／人間相手の商売だからQCは通用しない。／QCは自分を苦しめるものだ。／QCをやると自分の悪さ加減を暴露することになるので、そんなことはしたくない。／管理などしていたら商売にならない(QCでいう管理の意味がわかっていないのである)。／仕事の質、人の質ということがわかっていない(良いセールスマンとは何ぞや)、等々。

三　営業と新製品開発

QCの基本はマーケット・インであり、消費者の欲するものをつくることである。消費者と一番接触するのは営業であり、消費者のニーズを最もつかみやすく、またつかまなければならないのも営業である。したがって、営業は消費者ニーズをつかまえ、それを先取りしてアイデアを出し、新製品の企画、開発に積極的に参画しなければならないのである。新製品企画案を消費者の言葉で作成するのは営業の任務である。先に営業はQCの入口であるといったのは、こういう意味である。

新製品は、研究開発と製造でつくってくれるもので、営業は単にそれを売ればよいと考えている人が多い。新製品のアイデアや企画は、もちろん会社の全部門から出てこなければならないものだが、TQC的に考えれば、絶えず消費者と接している営業がその主役にならなければならない。良いものをつくってくれないから売れないとか、新製品の開発中は十分に参画しないで、できた製品を見てから文句をいうのは本末転倒であって、こういう点でも発想の転換をしなければならない。

上のような意味でのTQCでは「マーケティングはTQCの一環」と考えている。

四　営業活動と品質保証

消費者ニーズを先取りして新製品を開発し、消費者に適切なものを買っていただき、アフターサービスをしっかり行って、五年後十年後まで満足して使っていただくようにすることが品質保証であるから、営業の品質保証における役割の重大さがわかっていただけると思う。これが先に述べた「営業はQCの入口であり、出口である」ということの意味である。

本節では、営業の品質保証上の任務について述べるが、「販売前の品質保証」「販売時の品質保証」「販売後の品質保証」の三つのステップに分けて考えるとわかりやすいので、それに従って留意点を挙げておく。

(1)　販売前の品質保証

①　QCの基本はマーケット・インである。消費者の欲するものをつくって、それを売ることである。つくったものを売るというのはプロダクト・アウト、売れるものを作らなければならない。

②　消費者ニーズをつかみ(現状と先取りの)、新製品企画案をつくるのは営業の任務である。→新製品開発要求件数は?　市場品質情報件数は?

③　新製品のアイデアを出せ、企画・開発に積極的に参画せよ。→要求品質解析。

④　新製品企画・開発時に製品・品質の重みづけ、前向きの品質・セールスポイントを考

えよ。

⑤ 製品企画は大丈夫か。

⑥ 新製品採用のためのテスト、製品研究・共同研究の提案。

⑦ ビフォアサービスは行っているか。↓商品の使用目的と使用方法の調査、消費者の商品選定への協力、共同研究の実施(生産財の場合特に重要)。

⑧ カタログ、取扱説明書、点検手入れ方法、サービスマニュアル等々の整備。特に品質保証項目ならびにそのレベル。↓PLP関連事項。

⑨ 製品責任予防対策(PLP、product liability prevention)の整備。

⑩ 長期的な販売促進計画は?

⑪ セールスマン、サービスマン、販売店などへの発売前の新製品に関する教育。

⑫ 事前訪問はちゃんと行われているか。

⑬ 仕入商品の場合、ノーチェック(無検査)でよい商品を仕入れているか。外注管理は。メーカーの選定とその品質保証体制は? OEM(original equipment manufacturing)商品の品質保証はどうなっているか。

(2) 販売時の品質保証

①　販売員、売子、セールスマンそれに流通機構に対するQC教育ならびに商品知識の教育を行う。

②　ビフォアサービス。消費者、お客様のニーズを伺い、消費者、お客様の立場を考えて、適切な商品をお薦めする。↓あなたは消費者よりその商品に関してはプロのはず。自社の短期的利益にとらわれるな。

③　消費者の使用目的をよく伺うこと。↓消費者は王様、ただし、メクラの王様であることを忘れるな。

④　商品をチェック(検査)して、十分に品質保証して販売する。↓品質に劣化はないか。倉庫・在庫管理は大丈夫か。

⑤　納入時の不具合率は?　誤品・誤送・欠品は。

⑥　使用方法、使用上の注意事項は適切か。アフターサービス、保証期間は?

⑦　納期は大丈夫か。品切れ、納期遅れでお客様にご迷惑をおかけしていないか。↓流通の各ステップごとに即納率九〇~九十五パーセントをねらえ。

⑧　包装、輸送、据付けは大丈夫か。

(3)　販売後の品質保証

①　新製品の初期流動管理は大丈夫か。その情報のフィードバックは。

②　補償期間、保証期間、無料補償修理期間をどうしたらよいか。↓これをあまり長くすることは間違いであり不公平を生ずる。

③　取扱説明書、サービスマニュアルなどは大丈夫か。

④　巡回訪問は確実に行われているか。

⑤　アフターサービス体制、サービス・ステーション、ユーザー訪問、サービスマン（その技術力、人数、配置）、補給部品、サービス用機器等々は大丈夫か。サービス即納率、部品即納率、納入率は？　自社サービスが活用されているか。

⑥　定期点検はちゃんと行われているか。点検過剰になって消費者に余計なコストをかけさせていないか。（例　自動車の定期点検・車検。）

⑦　製品責任（PL）問題は大丈夫か。回収（リコール）すべきか。

⑧　良品返品率と不良品返品率がわかっているか、正しくつかまれているか。その原因の解析と追求は？

⑨　消費者の不満や苦情が正しく、素早く、適正な人・部門にフィードバックされているか。↓顧客満足度の調査。

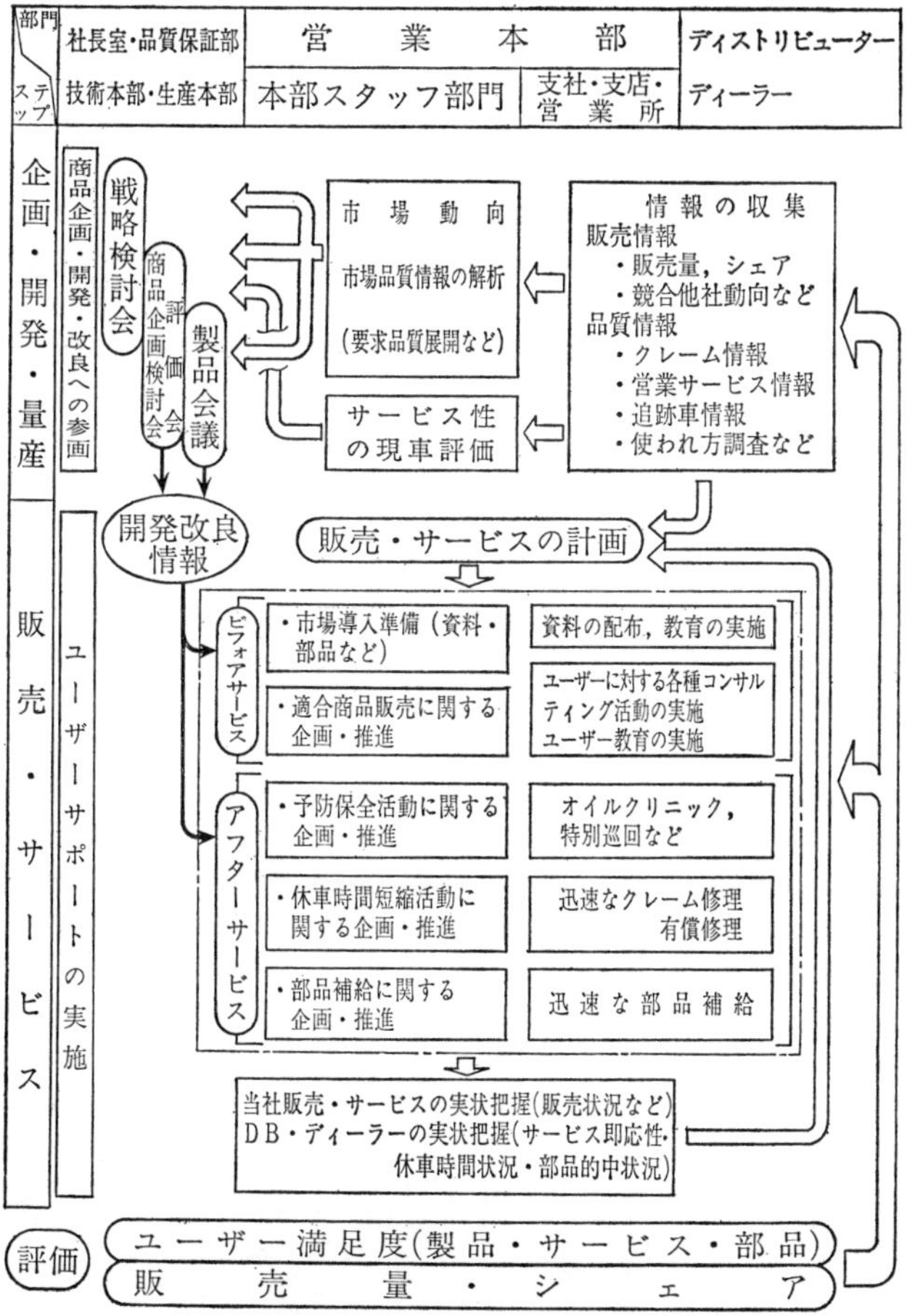

営業本部の品質保証活動の仕組

出典：廣羽春夫「小松製作所・営業本部の TQC 活動」,『品質管理』, 1983 年 8 月号, p. 11.

⑩　潜在苦情の顕在化がどんどん行われているか。↓ＱＣを始めれば最初は潜在苦情が顕在化し、苦情件数がどんどん増加するものである。

⑪　これらの情報により、新製品が開発され、品質保証体制がさらに向上するはずである。なお営業は売手であるので前章で述べた「買手と売手のための品質管理的十原則」も勉強する必要がある。図に株式会社小松製作所営業本部の品質保証活動の仕組みを例に上げておく。

五　流通機構の選定と育成

メーカーの営業部門にとって流通機構の選定と育成は、第九章で述べた外注企業の選定と育成以上に重要である。特に品質保証体制の確立という立場からも検討しなければならない。この選定は企業の基本姿勢・方針、製品の種類によっていろいろ違ってくるので一律に論じるわけにはいかない。しかし、企業として長期基本方針をきめ、選定とか教育・育成を考えなければならない。以下、留意点のみ挙げておく。

①　支店、営業所を多くもつほうがよいのか。販売会社を設立したほうがよいのか。商事会

社、代理店や問屋を活用したほうがよいのか。

② 自社ブランドで販売するのか、OEM商品でいくのか。

③ 支店、営業所、問屋、小売店などの販売責任、品質保証責任をどうするか。アフターサービスができるか。返品や苦情の処理ができるか。その責任はどこがもつか。

④ 在庫管理システムはどうなっているか。その責任は(欠品率と在庫量)。

⑤ QCサークル活動の指導・育成、連合サークルなどの導入。

六　営業活動の質の管理

営業活動の質の管理の基本は、教育をしっかり行い、目標をはっきりさせて、そのプロセス(工程)を管理するということにつきる。この過程でQCサークル活動なども活用するとよい。参考までに営業活動の管理項目の例を次に挙げておく。ただし、四節で述べた品質保証に関する項目は除いてある。

① TQCの教育・訓練とその実施。

② QCサークル活動の推進。

③　受注高・売上高（量と金額）管理。
④　代金回収管理、不良売掛金の発生防止。
⑤　利益管理。
⑥　在庫管理。メーカー、流通機構、小売店の在庫（量、品揃え、品質劣化、先入れ先出し、品切れ、不良在庫、在庫管理率など）。
⑦　納期管理（即納率、納入率など）。
⑧　外出時間率、訪問実行率、計画訪問率、顧客面接時間率など。
⑨　押込販売は？（小売店別カルテ）。
⑩　商品ロス、万引管理。
⑪　全社的量管理体制（販売予測とその実績、製品・半製品・材料などの仕掛りとリードタイムなど）。

七　営業部門・流通業のＴＱＣの始め方

営業部門、流通業およびサービス業などでＱＣあるいはＴＱＣ、ＱＣサークル活動などが必要なこと、実施すれば大きな成果が上がることは、既に多くの企業において立証されている。にもかかわらず、これら関係者の中には、自分達には関係ないことと考えていたり、拒否反応を示す方々がまだまだ多い。誤解や反感をもたれたまま導入してもうまく進まないので、その始め方、導入方法については一工夫が必要である。

一般的にいって、営業関係では、ＱＣサークルの導入から入ってＱＣあるいはＴＱＣへ進んだほうがやりやすい場合が多いようである。実際には、表で述べるような具体例で身近な問題をＱＣ的に解決してその味をおぼえてもらって、次第に導入していくのがよい。もちろん、この間、併行して営業のトップ、部課長、スタッフ、セールスマン、ＱＣサークルリーダーなどのＴＱＣ教育を進めていく必要がある。

挙げていけばきりがないが、先にも述べた通り、はじめはまず身近な問題、困っている問題をとりあげて、職制であるいはＱＣサークル活動で解決して、営業・流通業でもＱＣは役に立つということを味わっていくのがよいようである。また、営業関係の仕事は、所在地は異なっていても各営業所ごとに同じような仕事をしているはずだから、解決したテーマの成果は、ぜひ「水平展開」することを忘れないでいただきたい。

一方営業のトップから、方針・目標をはっきりさせたＴＱＣをはじめ、ＱＣサークル活動等

営業関係QC的問題点具体例

① 消費者ニーズを考えて新製品のアイデアを出す，新製品企画・開発に協力する．消費者ニーズは多様化，分極化，高度化している，製品の使われ方の情報を．
② 注文のとり方，敗戦の解析．
③ 販売計画のつくり方，販売予測精度の向上，予測と実績の解析．
④ 売上高管理．
⑤ 利益管理・経費管理．
⑥ 販売促進と効果の測定．
⑦ 注文のとり方，受注情報の収集，受注情報の拡大，技術的要求品質情報の把握．
⑧ 売掛けの減少，代金の回収．
⑨ 見積もり作業の能率向上，その精度の向上．
⑩ 返品管理．
⑪ 在庫管理(製品および補給部品など)，即納率(在庫的中率)，納入率，欠品(品切れ)率，製品在庫率，不良在庫率．
⑫ 苦情・クレーム処理．
⑬ アフターサービス関係，サービス即応率の向上，部品即納率，パンフレット類の合理化，サービス技術の向上，ライフサイクル・コスト．
⑭ 得意先台帳の整備と活用，訪問の合理化，回数や面接時間の向上．
⑮ PL 問題．
⑯ 流通機構の整備．
⑰ 広告・宣伝のあり方．
⑱ 事務・作業の正確化，迅速化，合理化，OA 化．
⑲ 以上すべてのことの層別解析と管理．

のボトムアップの活動と、営業トップの方針・目標をはっきりさせたトップダウンの組織的TQCをうまくドッキングさせ、文字どおり全員参加のTQCへもちこんで行くとよい。

表のようなテーマを考えただけでも、営業・流通業の体質改善活動には終りがないことがおわかりいただけると思う。

第十一章　品質管理診断

デミング賞をとるために受審するな
　　ＴＱＣを推進するために受審せよ
形式的品質管理、書類作りのＱＣになるな
トップは企業の真実の姿を知らない
トップは事実を報告されて、怒ってはならない

一　品質管理診断とは

品質管理を実施していくなかで、いろいろな意味において、その進め方がよいか悪いか、どこに欠陥があるかということを診断することは、非常に大切なことである。

品質管理診断(以下QC診断という)とは、品質管理実施のプロセスを診断して、その悪いところを指摘して、良くなるよう治療方法を勧告し、しかるべきアクションをとることである。これを監査ということもあるが、この言葉には、権力によって悪事を摘発する、人の欠陥を暴くだけという、人を信用しない性悪説的な語感があるので、私は好きではない。私は、みんなで協力して、良くしていくという意味から、診断と勧告という言葉の方を使っている。

QC診断に似ているものに、品質診断(あるいは品質監査)がある。初めに、この意味の違いを簡単に説明しておこう。

品質診断(品質監査)というのは、製品の品質がよいかどうかを、ときどき社内あるいは市場からサンプルをとって、種々の試験を行って、診断していくことである。製品の品質そのものをチェックして、消費者の満足が得られるかどうか、まずい点があれば修正し、その欠点をなくすとともに、前向きの品質（セールスポイント）を向上させる。すなわち、ハードな品質に対して、ＰＤＣＡを回していくための診断である。

これに対しＱＣ診断というのは、品質管理の進め方、工程で品質をつくり込むそのやり方、外注管理、クレーム処理、新製品開発段階からの品質保証の進め方、すなわち、品質管理のシステムおよびその実施状況がよいかどうかを診断して、再発防止のアクションを行っていくことである。品質管理の進め方自体のＰＤＣＡを回していこうということで、いわばソフトの質の診断である。もちろん、必要があれば、品質診断をつけ加えて、並行して行うこともある。品質診断には検査と似ているところがあり、ＱＣ診断は工程管理に似ている。品質診断だけでは、今後、長期間にわたる品質保証ということにはならない。ＱＣ診断はこれに対し、将来生産・発表される品物のよしあしの判断にもつながる。システム、進め方の診断になっている点で違いがある。

特に最近では、全社的品質管理診断（ＴＱＣ診断）とでもいうべき、経営管理全体をみる傾向が強く（デミング賞実施賞とか企業内の社長診断）、診断内容はますますひろがっていく傾向がある。

二　社外の人によるＱＣ診断

社外の人による診断には、大きく分けて次の四つがある。

① 買手による売手のＱＣ診断
② 資格を与えるためのＱＣ診断
③ デミング賞実施賞および日本品質管理賞の審査
④ コンサルタントによるＱＣ診断

このうち、日本でしか行われていないのが③で、それ以外は欧米でも行われている。ＱＣ診断の内容の一例として、デミング賞実施賞用のチェックリストを表にあげておく。ケースバイケースで細部には違いがあるが、一般的に、このようなチェックリストを参考にして診断を行い、効果的な勧告案をつくるのである。

買手による売手のＱＣ診断

電機・自動車メーカーが売手である外注部品企業に対して行う診断、あるいは防衛庁や電々公社、国鉄などの購入品メーカーに対して行う診断などがこれに該当する。

この場合、電機・自動車メーカーなどは、自社に品質管理実施の経験があり、いわば知識と経験の両方をもっており、あまり問題はない。こういう診断者が、しっかりした診断報告を作成し、うまい勧告案をつくれば、受診者である売手の品質管理推進に大変役に立つ。事実、こういうことを通して日本の外注部品メーカーが専門メーカーとして育ってきたのである。

ところが、防衛庁や国鉄など、自分のところで生産を行っておらず、診断者自身に品質管理実施の経験のないところでは、問題が起こりやすいのである。欧米でも同じことで、たとえば米国国防省など、MIL・Q・九八五八Aという立派な『品質管理要求のマニュアル』を作成していながら、必ずしもうまくいっていない。「規定や標準があるか」「書式やデータは揃っているか」などといった、形式的な審査になりがちである。あるいは結果だけを見る診断(これでは検査)に終わってしまい、その結果に至るまでのプロセスまで診断できないことが多いのである。どんなに立派なチェックリストや書式ができていても、診断者自身に、実際の経験と、それに基づいた知識がなければ、なかなかうまくいかないのである。

しかし、買手によるQC診断は、うまく行えば、買手にとっても、売手にとっても、非常に効果のあるものである。売手の経営者も、QC診断に合格するためだけに、担当者に準備させ、

チェックリスト

1994年改訂

項　　目	チェックポイント
	⑶新製品開発・技術開発の状況（品質解析，品質展開，設計審査などの活用を含む） ⑷工程管理の状況 ⑸工程解析・工程改善の状況（工程能力研究などを含む） ⑹検査・品質評価・品質監査の状況 ⑺設備管理・計測管理・購買外注管理の状況 ⑻包装・保管・配送・販売・サービスの状況 ⑼使用・廃却・回収・再利用の状況の把握とそれへの対応 ⑽品質の保証の状況 ⑾顧客満足度の把握とその状況 ⑿信頼性・安全性・製造物責任・環境影響への配慮の状況
7.維持管理活動	⑴管理（PDCA）のサイクルの回し方 ⑵管理項目と管理水準の決め方 ⑶管理状態（管理図などの活用の状況） ⑷応急対策と根本対策の取り方 ⑸原価，量・納期などに関する各種管理システムの運用の状況 ⑹品質保証システムと各種管理システムとの関係
8.改善活動	⑴テーマ（重要問題・重要課題）選定の方法 ⑵解析の方法と固有技術との結びつき ⑶解析における統計的手法などの活用の状況 ⑷解析結果の活用 ⑸改善効果の確認と維持管理への移行の状況 ⑹ QC サークル活動の寄与
9.効　　果	⑴有形の効果（品質，納期，原価，利益，安全，環境など） ⑵無形の効果 ⑶効果の測定・把握の方法 ⑷顧客満足度と従業員満足度 ⑸関連企業への影響 ⑹地域社会，国際社会への影響
10.将来計画	⑴現状の把握の状況 ⑵問題点を改善するための将来計画 ⑶社会環境や顧客要求の変化の予測とそれに基づく将来計画 ⑷経営理念・ビジョン，長期計画などとの関係 ⑸品質管理活動継続の折り込み ⑹将来計画の具体性

デミング賞実施賞

項　　目	チ　ェ　ッ　ク　ポ　イ　ン　ト
1.方　　針	(1)品質方針，品質管理方針とその経営における位置づけ (2)方針（目標と重点方策）の内容の明確性 (3)方針決定の方法・プロセス (4)方針と長期計画，短期計画との関係 (5)方針の伝達（展開）ならびに達成の把握とその管理 (6)経営者・管理者のリーダーシップ
2.組　　織	(1)品質管理のための組織構成の適切性，企業構成員参加の状況 (2)責任・権限の明確性 (3)部門間の連携の状況 (4)会議体・プロジェクトチームなどの活用の状況 (5)スタッフ活動の状況 (6)関連企業（特に系列会社，外注先，業務委託先，販売会社など）との関係
3.情　　報	(1)社外情報の収集・伝達の適切性 (2)社内情報の収集・伝達の適切性 (3)情報解析における統計的手法などの活用の状況 (4)情報の保管の適切性 (5)情報の活用の状況 (6)情報処理におけるコンピュータの活用の状況
4.標 準 化	(1)標準の体系の適切性 (2)標準の制定，改廃の手続 (3)標準の制定，改廃の実績 (4)標準の内容 (5)標準の活用と遵守の状況 (6)各種技術の組織的開発・蓄積・伝承・活用の状況
5.人材育成と能力発揮	(1)教育・訓練の計画と実績 (2)品質意識，管理意識，品質管理に関する理解の状況 (3)自己啓発，自己実現への援助，モチベーションの状況 (4)統計的考え方および品質管理手法の理解と活用の状況 (5) QC サークルの育成や改善提案の実態 (6)関連企業における人材育成に対する援助の状況
6.品質保証活動	(1)品質保証システムの整備の状況 (2)品質管理診断の状況

形式的な書類を揃えるということになっては「形式的品質管理」「書類づくりの品質管理」となって、かえって害を残すことになる。これは世界中にある問題点である。むしろ、この診断をチャンスに全社をあげて受審する体制をつくり、これを利用して、全社的品質管理を推進する心構えで、受審するような体制をとれば、その効果は大きいものとなる。

資格を与えるためのＱＣ診断

ＪＩＳマーク、原子力関係のＡＳＭＥなどがこれに当る。この場合も、先に述べたことと同じで、政府の役人に品質管理実施の経験がなく、どうしても形式的なものになりやすいので注意しなければならない。

デミング賞実施賞

デミング賞には大きく分けて、本賞と実施賞がある。本賞というのは、日本の品質管理、統計的方法に関して大きな貢献をした個人に与えられるものであり、実施賞は企業単位に贈られる。実施賞はさらに、全社単位の実施賞、中小企業賞、事業部賞に分けられている。さらにデミング賞事業所表彰がある。

デミング賞は、一九五一年、デミング博士が、日科技連にその講義録の印税を寄付され、これを基金としてデミング博士の功績をたたえるために設けられた賞である。一九五一年以来、一九八〇年までの三十年間に、実施賞七十五社(うち中小企業賞二十社)、事業部賞二事業部、デミング賞事業所表彰七事業所に及んでいる。

デミング賞実施賞は、主として各企業のトップの決断により自薦で応募し、例年七月末から九月末にかけて、実施賞小委員会の品質管理のエクスパートが多人数で、各事業所、支店、本社を訪問して、全社的品質管理、特に統計的品質管理の実施状況を実地に調査し採点する。そして会社平均が七〇点以上、会社の首脳部七〇点以上で、かつ一調査単位の最低点が五〇点以上であれば合格となる。合格すると、デミング博士の像のきざまれたメダルと表彰状が授与される。

ところが、このような制度は、欧米にはないのである。一時、米国品質管理協会が、これに似た制度をつくろうとして、調査したことがあるが、いつの間にか、立ち消えになったようである。欧米の経営者は、このような合格してもメダルと紙切れしかもらえない、直接的な利益にむすびつかないQC診断は受審したがらないからである。

日本のデミング賞実施賞は三十年間も継続し、しかも最近、ますます盛んになろうとしている。なぜだろうか。

デミング賞受審後、各社の社長にいろいろ感想を伺っているが、私の最も印象に残っているのは、二十年以上社長をやってこられた、あるワンマン社長の次の発言である。

「二十年以上社長をやってきましたが、デミング賞にとりくんでみて、初めて私の意志が全社員に行きわたり、私のいうことが本当に理解され、これを全従業員が全員参加で一所懸命実施してくれました。こういう経験は初めてのことです。社内がこれほど生き生きしたことはありません。デミング賞というものはよいものですね。」

先にも述べたように、デミング賞は、デミング博士の貢献と友情を記念して、日本の品質管理の普及とそのレベルを上げることを目的に設けられたものである。われわれが企業の方々によくいうことは、

「デミング賞をとるために受審してはならない。受審は手段にすぎない。全社的品質管理、統計的品質管理を推進するために受審するのである。社長がリーダーシップをとって、これに挑戦すれば、全重役、全部課長、全従業員の考え方が変わって、経営の体質改善ができますよ」ということである。デミング賞実施賞を受審することは、全社的品質管理の味を覚える絶好のチャンスなのである。

なお、受審後、合格したところに対しても、保留になったところに対しても、「デミング賞委員会意見書」が渡され、よかった点、今後改善すべき点などが細かく指摘される。

日本品質管理賞

デミング賞実施賞は、年度賞であり、その年にCWQC、SQCをよく実施している企業などにあたえられる賞であるから、毎年受審してもよいのであるが、二度目に保留になると困るという心理からか、一回合格した会社が勇気をもって再度挑戦した会社は、残念ながらまだない。ところがデミング賞を一度受賞しても、五年もたつと重役も、部課長も新陳代謝してかわってしまい、CWQCもだれてしまうものである。そこでデ賞よりもレベルの高いものを創設してほしいという要望が強くなったので、一九六九年に国際品質管理大会を東京で開催したときに、剰余金がでたので、それを基金として日科技連に、日本品質管理賞を設立した。実際の運営はデミング賞委員会が行っている。この賞はデミング賞実施賞をとってから五年以上たてば、受審する資格ができる以外はデミング賞実施賞とよく似ている。ただし合格点はデミング賞の七〇点ではなく、七十五点になっている。

コンサルタントによる診断

コンサルタントが企業、工場を訪問して、数日滞在して、改善案、改革案を勧告するQC診断である。この診断は欧米でも行われている。

日本の場合、これを定期的に行うこともあるし、デミング賞受審前の予備診断として行われたり、受審後のアフターケアとして行われることもある。

三　社内の人によるQC診断

社内の人によるQC診断には次の四種がある。

① 社長QC診断
② 所属長QC診断（部長、工場長、所長などによるQC診断）
③ QCスタッフによるQC診断
④ QC相互診断、等々

社長診断というのは、社長自身が、工場、事務所、営業所などへいって、自身の目で確かめて、自分の目で判断して行う診断である。

所属長によるQC診断は、自分の担当責任部署の実施状況を診断することである。

QCスタッフによるQC診断とは、担当重役を長として、QCスタッフが四～五名で、各部、工場、営業所などを訪問して行う診断である。これはQCスタッフに経営的センスをもたせるためにも有効である。

QC相互診断というのは、部門間、工場間で、たとえば前工程と次工程が相互に相手部門を訪問して、QC診断を行うやり方である。

ここでは、代表例として、社長によるQC診断について述べておこう。ただこの社長診断は欧米では行われていない。日本の社長は、品質管理、全社的品質管理を勉強し、理解し、先頭に立って実施しているが、欧米の社長は、品質管理を知らないからである。

さて診断の進め方であるが、あらかじめ診断方針を示しておくか、一般にTQCの診断をするかきめておく。そして簡単な「品質管理実情説明書」を作成させ、提出させておく。社長が数名の重役とともに工場、営業所、本社各部へ行き、以下の説明をデータに基づいて行わせ、質疑応答に入る。

① これまでどのような方針で品質管理を進めてきたか。

② どのような進め方で、どのような効果があったか（結果だけを報告させるのではなく、どのようにして進めてきたかを、QCストーリー的に報告させる）。
③ 現在どのような問題をかかえているか。
④ 今後、どのような方針でどのように進めていこうとしているのか。
⑤ 品質管理推進について、社長、本社に提案したいこと、など。
このようなことについて質疑応答を行った後、午後は、全員で、研究・開発・試作・購買・製造・品質管理・営業・事務などの各現場へ入って、実地調査ならびにそこでも質疑応答を行う。

そして最後に、講評・勧告を行うか、あるいは後日、診断報告書を送付する。もちろんこの診断と勧告について、工場としてどのような処置、再発防止策をとるか、その計画書を提出させる。そして、その進行状況を定期的にチェックするとともに、次回の社長診断で報告させる。

この社長診断を行うことによって、次のような効果が期待できる。
① まず、社長自身の勉強になることである。自身が診断を行うのであるから、あらかじめ品質管理の勉強をする。また、工場等の実施状況を見聞できるので、理解をより深めることができる。理屈だけ、頭だけでわかっているつもりでは駄目で、現実を知ることが一番

の勉強になるのである。

② 社内の真実を知ることができる。通常、社長のところへは、本当のこと、悪いことがなかなか報告されないものである。良い結果しかいかないものである。それは、前に書いたが、本当のことを報告すると叱られるからである。だから、社長診断に際して、私は社長によくこう言う。「悪いことが報告されても絶対に怒ってはならない。それが真実であるかぎり怒ってはならない。むしろ、悪いこと、みんなが本当に困っていることを報告させなさい。みんなで相談し、協力し、それを解決するために社長診断を行うのであるから」と。

③ 社長と社内の人々との人間関係がよくなる。社長は忙しく、現場の部課長、スタッフ、職組長と直接話をする機会はほとんどないのが普通である。この機会に、ゆっくり顔を合わせ、話をしたり、意見を聞くことができ、お互いの人間性にふれることができ、人間関係がよくなるのである。そのために診断後、一緒に夕食をとることも有益である。

④ 診断を受ける側にもこれが大変な刺激になる。人間の行うことにはどうしても波がある。熱心に仕事にとりくむ場合もあれば、マンネリ化するときもある。社長自身が診断を行うことによって、品質管理活動、全社的品質管理活動、あるいはＱＣサークル活動が永続す

るよう、ときどき刺激を与えるわけである。

この場合、重要なことは、特に日本では、社長自身が診断を行わなければダメだということである。社長は元来、非常に多忙なものであるが、無理してでも時間をつくって、診断しなければならない。社長の代理に、副社長以下が団長で行ったのでは、その効果は半減以下である。

なお、最初は社長もどのように診断してよいかわからないから、はじめのうちは、コンサルタントに同行してもらい、どのように診断したらよいか、みんながフランクに、事実をしゃべるようなムードのつくり方などの指導を受けるとよい。前にも述べたように、コンサルタントに同行してもらうことが、社長に非常に勉強になるものである。

本章では、簡単にしか述べることができなかったが、社内および社外のQC診断をうまく行えば、非常に役に立つものである。

第十二章　統計的方法の活用

バラツキはすべての仕事に存在する
バラツキのないデータはウソのデータである
統計的解析（品質解析・工程解析など）なくして、
　うまい管理は行えない
ＱＣは管理図に始まって管理図に終わる
層別しなければ解析も管理もできない
会社の問題の九十五パーセントはＱＣの七つ道具で解決できる
統計的方法はこれからの技術者の常識である

一　難易度による三分類

わが国において統計的方法は、第二次大戦前および戦中にきわめて一部で試用されたことがあるが、本格的に研究され、活用され始めたのは、昭和二十四年である。一九四九年に日本科学技術連盟にQCリサーチグループ（QCRG）を設立し、統計的品質管理（SQC）、統計的方法の工業への活用の研究・教育を始めたのである。

統計的方法の工業への適用について、私はつぎのように難易の程度で三分類して考えている。

(1)　初級統計的手法

①　パレート図（vital few, trivial many の原理）
②　特性要因図（これは統計的手法とはいえないかもしれないが）
③　層　別
④　チェックシート
⑤　ヒストグラム
⑥　散布図（メディアン法による相関分析、場合によっては二項確率紙）

⑦　グラフおよび管理図（シューハート式）

QCの七つ道具と俗称されるこれらの初級統計的手法は、社長、重役クラスから、部課長はもちろん現場の職組長、作業員に至るまで各階層で使われている。また部門でいえば製造部門のみならず、企画・設計部門から、営業、購買、技術部門まで全部門に、広く教育が行われ活用されている。私のこれまでの経験では、企業内の問題の九十五パーセントまでは、この七つ道具の活用で解決できる。そういう意味で弁慶の七つ道具という言葉からとって、QCの七つ道具といっているのである。またこの簡便法が使いこなせないようでは、とても高級な手法を活用することはできない。

このように、トップから作業員まで、企業の多くの部門で活用し、効果をあげているのは世界一といってもよいであろう。日本は一般教育が進んでおり、九十九・九%は中卒であり、九十二、三%は高卒であるから、これらの手法が十分活用できるのである。

現在、これらの手法と同時に、つぎの三つの基本的な考え方も教育している。

①　品質の考え方――消費者主義、次工程は消費者、品質保証の考え方、など

②　管理・改善の考え方とやり方――管理のサークル・PDCA・QCストーリー

③　統計的な考え方――データはばらつく、分布をもつ。それを利用して推定および判断

（検定）を行うという考え方

(2)　中級統計的方法

・サンプリング調査理論
・統計的抜取検査
・各種統計的推定・検定
・官能検査の手法
・実験計画法

中級統計的方法は、一般の技術者、QC部門の人々に教育している。これらも実際に活用され、効果をあげている。

(3)　高級統計的方法（コンピュータを併用して）

・高級実験計画法
・多変量解析法
・各種のOR方法

高級統計的方法は、ごく一部の技術者に教育を行い、非常に複雑な工程解析や品質解析に用いられている。そして後に述べるように、技術の確立、技術輸出の基礎となっている。

これら中級の統計的方法、高級な統計的方法を、コンピュータを利用して非常に高いレベルで広く活用し、効果をあげている面でも、日本の工業は世界で一番進んでいるといってよいであろう。

二　工業への統計的方法の活用上の問題点

一九四九年に、工業への統計的方法の活用を始めて以来、三十年以上にわたってこれを推進しているが、これまで、いろいろの問題を経験している。ＳＱＣの推進にあたっては

「データ、事実でものをいおう」（統計的方法を活用しよう）

というキャッチフレーズで進めてきたが、現在でもまだ、いろいろの問題がある。

(1)　ウソのデータ。データと事実が違う

データと事実が違う場合は、大きく分けて二つのケースがある。一つは人為的なウソのデータ、修正したデータであり、もう一つは(2)において述べるが、統計的手法を知らないための、無知のための間違ったデータである。

なぜこのようにウソのデータが、データの修正が行われるのであろうか。このようなことは

中央集権的な場合、トップダウン的な場合に多い。これは、トップの人々がバラツキのセンス、統計的なセンスをもっていないからである。

(2) データのとり方が悪い

品質管理を始めて気がついたことは、特に化学工業、冶金工業などにおいて、サンプリング方法、縮分方法、測定分析方法が悪いために、QCの基本になるデータがおかしいし、信用できないということであった。そこですぐに統計的に合理的なサンプリングの本(『工業におけるサンプリング』、丸善、一九五二年)を書くとともに、それを実践に移すべく日科技連に「鉱工業におけるサンプリング研究会」を一九五二年に設立した。そして鉄鉱石、非鉄金属、石炭・コークス、硫化鉱、工業用塩、サンプリング用機器などの部会をつくり、これらのサンプリング、縮分、分析試験方法などを理論と実験を含めて検討し、これを基礎にして多くのJIS規格を制定してきた。特に鉄鉱石の場合には、日本のJISを基準にして、日本が幹事国としてISO(国際規格)を制定し、現在私達の案が世界各国で活用されている。鉄鉱石は国際取引が多いものであるから世界の国際取引の合理化に貢献したと思っている。最近ではマンガン鉱石、石炭などのサンプリングなどにも日本案がISOで採用されようとしている。

しかしこの問題はまだ沢山残っている。たとえば環境問題のように、ppmオーダーの問題になると、うっかりすると、サンプリングや測定・分析誤差からいって、何をやっているのかわからなくなる。

また五十六・七三％というデータがあるとき、そのデータの誤差が各プラスマイナス二％か〇・二％か、〇・〇二％かで、使い方が違うはずである。

また、水銀など検出せざること、という妙な規制があると、最近は測定器が進歩したので、小数点以下六、七桁のところで多くの数値が出てしまう。たとえば、〇・〇〇〇〇〇〇五％という数値が出てくる。これでは日本中どこでも検出したことになってしまう。

ところが、このサンプリングや測定方法の精度がプラスマイナス〇・〇〇〇二％くらいならば、数値を丸めて小数点以下四位まで示すことにすれば、〇・〇〇〇〇〇〇五％は、〇・〇〇〇％となるのである。そうすると検出しないことになる。

そのように誤差のあるデータで、害があるとかないとか結論は出せないはずである。官公庁の規制などには、よく、このように誤差を考えていないものがある。

(3)　データの写し間違いと計算間違い

これも案外多いものであるが、統計的方法のエクスパートになれば、すぐ発見するものではある。

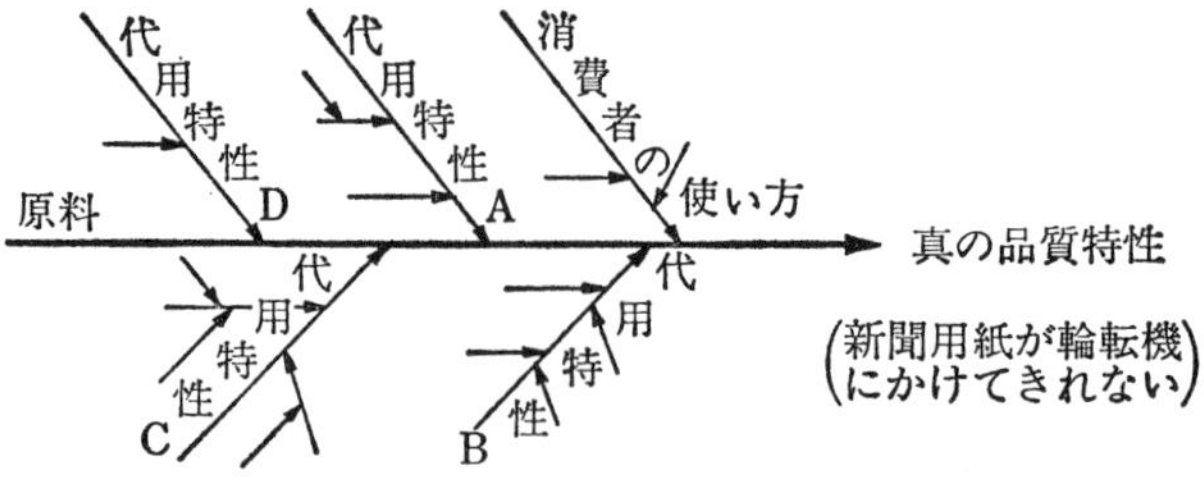

図A　品質解析

(4)　異　常　値

一般社会のデータ、工業のデータは一般に汚れたデータ(dirty data)であり、必ず異常値があるものである。これは以上述べた(1)、(2)、(3)が原因の場合もあるが、実際に異常値のでる場合もある。このデータを除去して用いるか、含めて用いるかは、そのデータをとる目的、とるべきアクションによって考えなければならない。

(5)　ロバストネス

実際のデータは正規分布からはずれていたり、異常値を含んでいる場合が多い。このときに統計的方法やその結論にどのような影響を及ぼすかという問題である。一般に、高度の手法や精緻な手法はロバストネス(頑健性)が弱いから気をつけなければならない。前に述べたQCの七つ道具は、ロバストネスが強いからどんな場合にでも使える。

(6)　適用方法の間違い

統計的方法の理論やその構造模型をよく理解していないと、使い

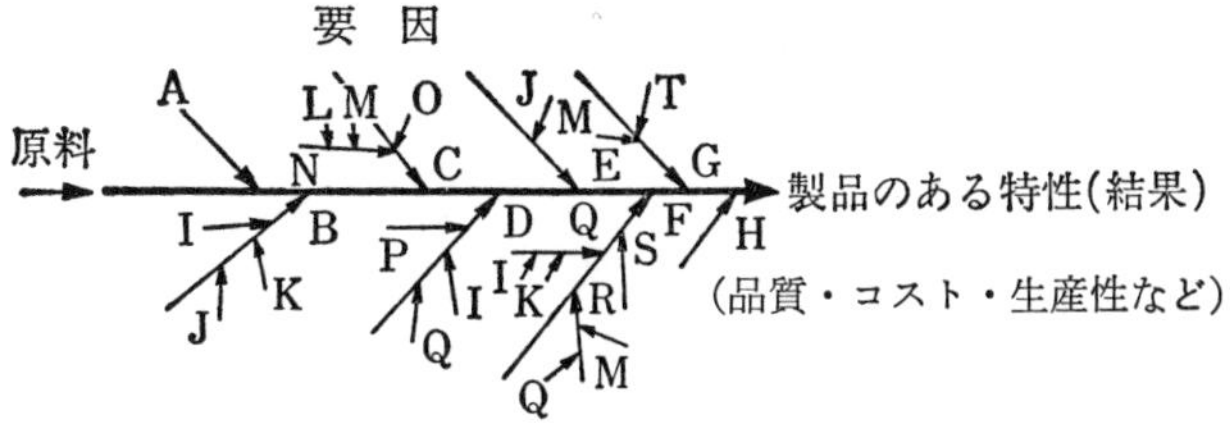

図B　工程解析

方の間違い、解析方法の間違いが多い。したがって初心者の場合には、熟練者がチェックしてやらないと危険である。

三　統計的解析

工業において統計的方法がもっともよく用いられるのは、解析である。解析を大きく分けると品質解析と工程解析にわけられる。品質解析というのは、真の品質特性と代用特性の関係をデータ、統計的手法を用いて、事実をたしかめる解析である(図A参照)。

工程解析というのは、工程管理を行う場合に、どの要因をどのように押さえたらよいかという技術を確定し、うまい先手管理を行うために、工程の要因と、結果である品質、コスト、生産性などとの関係を解析することである(図B参照)。

この解析も九十五%まではQCの七つ道具で解決できるが、非常に複雑な工程、たとえば製鉄所などの複雑な工程の場合には、高級な手法を用いて、コンピュータと結びつけながら解析しなければならない。この解析により、統計的に工程能力研究を行うことになる。

この解析がよく行われたので、ダイナミックなオンラインのコンピュータ・コントロールに成功し、また不良率百万分の一以下という工程管理ができるようになったのである。

四 統計的管理

いろいろの管理(PDCA)で、一つ問題になるのは、いかにしてチェックするのかということである。管理の場合にチェックする目的は、例外の原則に従って、通常通りにうまくいっているときは放置しておいてよく、例外が起こったときに、これが判断できるようになっていればよい。

ところが、製造工程(プロセス)、あるいはそれ以外のすべての仕事・業務(これも一つのプロセスである)に影響を及ぼす原因は無限にあるので、その結果(すべての仕事の結果)は必ずバラツキをもつ。すなわち統計的な分布をもっている。したがって、われわれはチェックするときに、分布という概念で判断しなければならない。

これに非常に役立つのが、米国のシューハート博士が発明した、三シグマ管理図である。戦後これが日本に正式に導入され、その使用方法が広く研究された。すなわち統計的管理である。現在日本で広く活用されている管理図は、$\bar{x}$-R管理図、$\tilde{x}$-R管理図、x管理図、p管理図、pn管理図、c管理図、u管理図である。これらの管理図を多くの現場、管理者が用いて、多くの成果をあげている。

本当に役立つ管理図を作成するためには、いろいろ工夫、努力しなければならないが、現在、このシューハート管理図は、世界中で日本が一番よく用いている。

五　統計的方法と技術の進歩

以上簡単に述べたように、統計的方法が日本の企業において、非常に広く、深く用いられている。その経験の結果、簡便法がもっとも役立っているといえる。簡便法の七つ道具が使いこなせないようでは、とても高級な手法を活用することはできない。

統計的方法の活用によって、日本製品の品質レベルが向上し、信頼性が向上し、コストダウンができ、生産性が向上したのは、事実である。工程解析や品質解析を過去長期間に地道にやってきたので、技術が進歩してきたのである。よく固有技術が技術を進歩させ、管理技術がこれを維持していくものであるといっている人がいるが、間違っている。私は固有技術、管理技術と分けるのがおかしいと思っている。私にいわせると、いわゆる管理技術も一つの固有技術である。これらすべての技術を使って品質が向上し、コストダウン、能率向上が行われるのである。第二次大戦後、多くの新技術を欧米より輸入したが、統計的品質管理を活用し、多くの統計的解析を行い、工程解析、品質解析を行うことにより、最近では、逆に、欧米に対して多くの技術輸出ができるまでになった。私は二十数年前、「新しい品質管理の目的は、私の念願としては、まず良い安い製品を多量に輸出して、日本の経済の底を深くし、工業技術を確立し、技術輸出がどしどし行えるようにして、将来の経済基礎を確立し、最終的には会社についていえば、消費者・従業員・資本に利益を合理的に三分配し、国としては、国民生活を向上させることにある」という理想をえがいたが、これが少しずつではあるが実現されつつあるようだ。

しかしながら、統計的方法の活用上の問題はまだまだ沢山残っているので、今後も活用方法をさらに研究していかなければなるまい。

統計的方法が、工業以外にも広く活用されれば、日本はさらによい国になると思っている。

付録

品質管理略年表

年	品質管理関係	その他
一九四五（昭20）		終戦 日本規格協会（ＪＳＡ）設立、規格の普及事業を開始、12月
一九四六（昭21）	米国品質管理協会（ＡＳＱＣ）設立、２月	工業標準調査会設置、日本規格新ＪＥＳの制定開始、２月 日本科学技術連盟（ＪＵＳＥ）設立、５月 ＪＳＡ、雑誌『規格と標準』（現在の『標準化と品質管理』）発刊、８月
一九四七（昭22）		国際標準化機構（ＩＳＯ）設立、２月
一九四八（昭23）	日本電気玉川事業所、ＧＨＱ、ＣＣＳ、サラソンの指導でＺ一・一～一・三によるＱＣを実施	

	応用力学会、統計学講習会を開催、広くQCを紹介、8月 電気通信研究所、購入品に抜取検査を適用	
一九四九（昭24）	日本能率協会（JMA）、企業のQC指導（西堀栄三郎ほか）を開始、5月 JSA、QC講習会（二日間）開催、6月 JUSE、QCリサーチグループを結成、6月 JUSE、QCベーシックコース開講（一年間、翌年より半年間）、9月	工業標準化法施行、7月 中華人民共和国成立、10月 民間貿易全面許可、10月 湯川博士、ノーベル賞受賞、11月
一九五〇（昭25）	JUSE、雑誌『品質管理』発刊、3月 JSA、QC方式研究委員会発足、5月 W・E・デミング来日、JUSE主催八日間	工業標準化法に基づくJIS表示制度発足、3月 農林物資規格法（JASマーク）制定、5月 **朝鮮戦争勃発**

年	品質管理関係	その他
	コース(7月)およびトップ向け一日コース(8月)で講演	
一九五一(昭26)	JUSE、英文リポート(*Reports of Statistical Application Research JUSE*)発刊、3月 日本鉄鋼協会、QC委員会発足、7月 JUSE、デミング賞(本賞、実施賞)創設 JUSE、第一回品質管理大会(大阪)開催、同時に第一回デミング賞授賞式(本賞、実施賞)を挙行、9月 JUSE、市場調査委員会発足、11月	**サンフランシスコ講和条約**
一九五二(昭27)	JUSE、サンプリング研究会発足、3月 ASQC年次大会において小柳賢一(JUSE)日本のQCを紹介、5月	

	第二回QC大会(東京)開催、以後11月東京で定期開催、11月 ASQC日本支部発足、12月	
一九五三 (昭28)	JIS Z 九〇〇一「抜取検査通則」九〇〇二「計数規準型一回抜取検査」制定、3月 JSA、標準化とQCセミナー開講、9月	JUSE、ORセミナー開講、6月 工業標準化実施優良工場表彰、通産大臣賞、工業技術院長賞、通産局長賞、第一回授賞式挙行、11月
一九五四 (昭29)	JIS Z 九〇〇三「計量規準型一回抜取検査」(1月)九〇二一「管理図法」(5月)制定 J・M・ジュラン来日、JUSE主催トップマネジメントコース、部課長コースで講演、7月 日経品質管理文献賞創設、11月	工業標準化振興週間(11/1~7)設置
一九五五 (昭30)	JUSE、官能検査部会発足、4月	日本生産性本部(JPC)設立、3月

年	品質管理関係	その他
一九五五（昭30）	ＪＵＳＥ、部課長コース、実験計画法セミナー開始、5月	日本産業訓練協会、ＴＷＩ、ＷＳＰの普及開始、7月 **神武景気（輸出船ブーム）**
一九五六（昭31）	ＪＵＳＥ、入門コース開講、4月 ＪＵＳＥ、日本短波放送で職組長向け「品質管理講座」開設、7月 ＪＳＡ、ＱＣと標準化セミナーに普通科コース、高等科コース開設	ＪＵＳＥ、雑誌『オペレーションズ・リサーチ』発刊、6月 **高原景気**
	ヨーロッパ品質管理機構（ＥＯＱＣ）設立	
一九五七（昭32）	ＪＵＳＥ、品質管理春季大会（第一回大阪）開催、5月 ＮＨＫ第二「新しい経営とＱＣ」放送開始、7月	日本オペレーションズ・リサーチ学会設立、6月 ソ連、人工衛星打上げ **鍋底景気**

	ＪＵＳＥ、トップマネジメントコース開講、7月 ＪＵＳＥ、官能検査セミナー開講、9月 デミング賞に中小企業賞を創設、11月	
一九五八（昭33）	ＪＰＣ、ＱＣ専門視察団（団長・山口襄）を米国へ派遣、1月 ＪＵＳＥ、信頼性研究委員会発足、10月	ＪＳＡ、第一回標準化全国大会開催、10月
一九五九（昭34）	ＮＨＫ教育テレビによるＱＣおよび標準化の教育開始、4月 ＪＳＡ、部課長のためのＱＣ講座開講、9月	岩戸景気
一九六〇（昭35）	石川　馨「買手と売手の品質管理的十原則」発表 ＪＵＳＥ、信頼性セミナー開講、9月	政府、貿易為替の自由化促進を決定

年	品質管理関係	その他
一九六〇（昭35）	『職・組長のための品質管理テキスト（Ａ、Ｂ）』1月 品質月間委員会発足、11月を品質月間とし、Ｑ旗制定、十一地域での地方講演会、月間テキスト、ポスター配布等を実施、11月 ＪＵＳＥ、第一回官能検査大会開催、11月	
一九六一（昭36）	ＪＵＳＥ、実験計画法入門コース開講、4月 雑誌『品質管理』「現場長 特集号」発行、11月	アジア生産性機構（ＡＰＯ）設立、5月 日本がＩＳＯ／ＴＣ一〇二（鉄鉱石）の幹事国となる 日本消費者協会設立、9月
一九六二（昭37）	ＪＵＳＥ、雑誌『現場とＱＣ』（現在の『ＦＱＣ』）発刊、ＱＣサークルの結成を提唱、4月 ＪＳＡ、現場長コース開講、7月 ＪＵＳＥ、経営幹部特別コース開講、9月 第一回消費者大会、職組長大会開催、11月 ＡＰＯ、アジア各地でＱＣセミナー開始	米国マーチン社オークランド事業部でＺＤ運動開始、8月 家庭用品質表示法施行、10月 米国ケネディ大統領、消費者保護に関する教書発表

一九六三（昭38）	ＪＵＳＥ、ＱＣサークル本部設立、第一回ＱＣサークル大会（仙台）開催、5月 ＪＵＳＥ、第一次ＱＣ海外視察チーム（団長・小柳賢一）を米国へ派遣、5月 第一回トップマネジメント大会開催、11月	
一九六四（昭39）	ＡＰＯ、第一回ＱＣシンポジウム（東京）開催 ＱＣサークル支部（関東、東海、北陸、近畿）設置、9月	東海道新幹線開通 **東京オリンピック**
一九六五（昭40）	ＪＵＳＥ、第一回ＱＣシンポジウム開催、7月（年2回、継続開催） ＪＳＡ、新製品開発教室開設、9月 ＪＵＳＥ、ＦＱＣ賞創設、11月	
一九六六（昭41）	第十回ＥＯＱＣ大会（ストックホルム）でＱＣサークルに関する特別討論会開催、6月	**いざなぎ景気**

年	品質管理関係	その他
一九六六（昭41）	品質管理国際機構（IAQ）設立準備六人委員会発足	
一九六七（昭42）	JUSE、職組長基礎コース開講、1月 JSA、第一回Q-S（品質管理と標準化）全国大会（東京）開催、5月 世界保健機構（WHO）、医薬品製造品のQCについて勧告	公害対策基本法公布、8月 資本取引自由化基本方針決定
一九六八（昭43）	JUSE、第一次QCサークルチーム（団長・今泉益正）を米国へ派遣、4月 JSA、「信頼による管理」を提唱、信頼による友の会設立、5月 JUSE、営業部門コース開講、8月 海外技術協力事業団（OTCA、現JICA）、発展途上国に対し工業標準化とQCの研修開	消費者保護基本法公布、5月 日本能率協会、ZD全国大会開催、6月 日本VE協会、第一回VE全国大会開催、11月 国民総生産、自由主義国第二位に

	始(第一回東京、4カ月) APO、第一回QC国際訓練コースを東京で開催	**大学学園紛争**
一九六九(昭44)	日本鉄鋼連盟、自主管理(JK)活動委員会発足 JUSE、第一回品質管理国際会議(ICQC '69-TOKYO)開催、10月 IAQ(International Academy for Quality)設立、10月	人類月面に到達(アポロ11号)
一九七〇(昭45)	JUSE、日本品質管理賞創設、8月 台湾、第一回サークル大会開催、8月 QCサークル本部『QCサークル綱領』刊行、11月	JUSE、石川賞創設、6月 ISO、10月14日を第一回世界標準化デーと定める。工業標準化中央表彰式典を実施、10月 **万国博覧会開催**
一九七一(昭46)	JUSE、職組長のためのQC通信教育講座開講、1月	ニクソン大統領、ドル防衛策発表 **ニクソン・ショック**

年	品質管理関係	その他
一九七一（昭46）	JUSE、第一回信頼性シンポジウム開催、4月 JUSE、第一次信頼性海外視察団（団長・高木昇）派遣、6月 JUSE、第一回QCサークル洋上大学実施、6月 日本品質管理学会設立、機関誌『品質』発刊、9月 JUSE、購買・資材部門のためのQCコース開講、9月 QCサークル本部、『QCサークル活動運営の基本』刊行、10月 QCサークル本部、「QCサークル本部長賞」	環境庁発足 ローマクラブ「成長の限界」発表

	を創設、第一回全日本選抜QCサークル大会開催、11月 JUSE、多変量解析研究会発足、11月 中部品質管理協会設立	
一九七二（昭47）	JUSE、QCサークル推進者コース開講、5月 JUSE、QCサークル夏季大学（高野山）開催、7月 JUSE、プロダクト・ライアビリティー（PL）研究委員会設置、10月 JUSE、経営者QC会議発足、10月	**沖縄返還** **田中角栄、日本列島改造ブーム** **日中国交正常化** 消費者物資安全法（CPSA）成立（米）
一九七三（昭48）	JUSE、QCサークルトップコース開講、1月 JSA、工業標準化・QC代表団（団長・藤崎	**円変動相場制に移行** 消費生活用品安全法公布

年	品質管理関係	その他
一九七三（昭48）	辰夫）訪中、8月 JUSE、第一次PLP海外視察団（団長・水野滋）欧米へ派遣、8月 中国、工業標準化・QC代表団訪日、10月	PASC（太平洋地域標準化会議）第一回開催 **石油ショック**
	JUSE、米国の専門家によるPLPセミナー開催、10月 製薬団体連合会、医薬品製造のQCについてJGMPを作成、自主規制	
一九七四（昭49）	JUSE、営業部門のための入門コース開講、3月 JUSE、東南アジアQC視察団（団長・石川馨）派遣、8月	**公害と狂乱物価で企業批判強まる**

一九七五（昭50）	JUSE、第一回PLPセミナー開講、9月 JUSE、信頼性データ研究会発足、4月 韓国、第一回全国QCサークル競進大会、第一回QCおよび標準化大会開催 米国ロッキード社QCサークル視察団来日	
一九七六（昭51）	第一回東アジアQCサークル国際交流大会開催（ソウル）、4月 JUSE、TQC推進担当者コース開講、6月 JUSE、中南米品質管理視察団（団長・石川馨）派遣	円高不況
一九七七（昭52）	JSA、官公庁建築Q－S懇談会発足、6月 JUSE、QCサークルリーダーコース開講 7月	企業倒産戦後最高

年	品質管理関係	その他
一九七七（昭52）	ＪＵＳＥ、医薬品製造とＱＣシンポジウム開催、10月 メキシコ、ＱＣ研修チーム来日開始	
一九七八（昭53）	中国国家経済委員会代表団、4月訪日 訪中ＱＣ技術交流団（団長・石川馨）中国でＱＣ講習会、交流会開催、8月 中国、品質月間活動を展開、9月 ＪＵＳＥ、第一回ＱＣサークル国際会議（ICQCC-'78 TOKYO）開催、10月 ＪＵＳＥ、第四回ＱＣ国際会議（ICQC '78―TOKYO）開催、10月	**第二次石油ショック** **円高（一ドル百七十六円）** 日中平和友好条約、8月
一九七九（昭54）	ＪＵＳＥ、事務・販売・サービス部門のＱＣサークルコース開講、8月	ガットスタンダードコード仮調印

	JUSE、サービス業におけるQC研究会発足、11月 日本のQCに対する海外の関心高まる、QCサークル活動世界各地へひろがる	
一九八〇 昭(55)	JUSE、第一回プロダクト・セイフティシンポジウム開催、6月 JUSE、『QCサークル綱領』英文版刊行 JUSE、第一次QCサークル東南アジア視察団(団長・草場郁郎)派遣、10月	

参考文献

非常にたくさんあるので、ほんの一部だけをあげておく。

一　これからQCを勉強したい方に（総論）

石川　馨『誰にでもわかるTQCのはなし』鹿島出版会、一九八一
石川　馨『新編品質管理入門（A編、B編）』日科技連出版社、一九六四、一九六六
米山高範『品質管理のはなし――商品を買う人、つくる人のために（改）』同、一九七九
池澤辰夫『品質管理べからず集――TQC導入、推進の心がまえ』同、一九八一
唐津　一『TQC　日本の知恵』同、一九八一
上窪　實『私の品質経営――品質で勝負した経営実践』同、一九七九

二　TQCを実施するためのガイド

朝香鐵一・石川　馨編『品質保証ガイドブック』日科技連出版社、一九七五
新版品質管理便覧編集委員会編『新版品質管理便覧』日本規格協会、一九七七
シンポ工業株式会社編『全社的品質管理――その活動と効果』日科技連出版社、一九七〇

朝香鐵一・古谷忠助『中堅企業の品質管理』同、一九七六
水野　滋・赤尾洋二編『品質機能展開——全社的品質管理へのアプローチ』同、一九七八
石川　馨・小浦孝三『品質の管理ポイント』税務経理協会、一九七九

三　統計的方法

鐵　健司『品質管理のための統計的方法入門』日科技連出版社、一九七七
日科技連QCリサーチ・グループ編『品質管理教程　管理図法』同、一九六二
石川　馨『サンプリング法入門』同、一九五七
石川・中里・松本・伊東『初等実験計画法テキスト（改訂版）』同、一九六八
石川・久米・藤森『化学者および化学技術者のための統計的方法』東京化学同人、一九六四
石川・久米・藤森『化学者および化学技術者のための実験計画法（上、下）』同、一九六七

四　QCサークル活動

QCサークル本部編『QCサークル綱領』日本科学技術連盟、一九七〇
同『QCサークル活動運営の基本』同、一九七一
石原勝吉『QCサークル活動入門（改訂版）』日科技連出版社、一九八〇
FQC誌編集委員会編『事務・販売・サービスのQCサークル活動』同、一九八〇

同『QCサークル活動の実際に学ぼう』日本科学技術連盟、一九七七
同『現場のQC手法』日科技連出版社、一九六八
米山高範『品質管理実務テキスト(初級編)』同、一九七三
石原勝吉『現場のQCテキスト(手法編、運営編)』同、一九七九

五 その他

管理技術ポケット事典編集委員会編『管理技術ポケット事典』日科技連出版社、一九八一
高木　昇編『信頼性管理ガイドブック』同、一九七五
石川　馨編『プロダクト・ライアビリティー——製品責任問題を探る』同、一九七三

六 雑　誌

『品質管理』日本科学技術連盟、月刊
『QCサークル』(前『FQC』)同、月刊
『標準化と品質管理』日本規格協会、月刊
『品質』日本品質管理学会、年四冊

索　　引

著者紹介

石川　馨(いしかわ　かおる)
1915年　東京に生まれる
1939年　東京帝国大学工学部応用科学科卒業
　　　　海軍技術大尉、日産液体燃料株式会社勤務を経て
1947年　東京大学助教授
1960年　同　教授
1976年　停年退官、東京理科大学教授
　　　　東京大学名誉教授
1978年　武蔵工業大学学長に就任
1989年　死去
工学博士(1958年)、デミング賞受賞(1952年)、グラント賞受賞(1972年)、藍綬褒章受章(1977年)、シューハート・メダル受賞(1982年)、勲二等瑞宝章受章(1988年)、他

名著復刻

日本的品質管理
――TQCとは何か――

2024年9月30日　第1刷発行

著　者　石　川　　　馨
発行人　戸　羽　節　文

検印
省略

発行所　株式会社　日科技連出版社
〒151-0051　東京都渋谷区千駄ケ谷1-7-4
渡貫ビル
電話　03-6457-7875

Printed in Japan

印刷・製本　港北メディアサービス㈱

ISBN 978-4-8171-9807-5

URL https://www.juse-p.co.jp/